U0228543

高等教育规划教材

植物分类学

Plant Taxonomy

（第二版）

陆树刚　编著

国家自然科学基金（31170192、31370240）资助出版

科学出版社

北　京

内 容 简 介

本书是编著者在云南大学从事“植物分类学”教学的资料总结。使用了1238张彩色照片，直观介绍种子植物163科669属1100种(包括变种和变型等)。全书共分五章：第一章绪论，介绍植物的多样性与分类学的必要性、植物分类学简史和植物分类学的方法等内容；第二章《国际植物命名法规》简介，介绍《国际植物命名法规》简史、《国际植物命名法规》的原则、规则和辅则等内容；第三章植物学拉丁文基础，介绍拉丁文字母和发音、植物学拉丁文语法和植物学拉丁文句法等内容；第四章裸子植物分类，介绍裸子植物11个科的常见种类或代表种类；第五章被子植物分类，介绍被子植物152个科的常见种类或代表种类。书后附有拉丁名索引。

本书可作为综合性大学、师范院校、农林院校和中医学院等相关专业的教科书，也可作为相关科研院所的研究生教材或教学参考书。

图书在版编目(CIP)数据

植物分类学 / 陆树刚编著. —2版. —北京：科学出版社，2019.6
高等教育规划教材
ISBN 978-7-03-061528-2

Ⅰ. ①植…　Ⅱ. ①陆…　Ⅲ. ①植物分类学－高等学校－教材
Ⅳ. ①Q949

中国版本图书馆CIP数据核字（2019）第108626号

责任编辑：王海光　王　好 / 责任校对：郑金红
责任印制：赵　博 / 封面设计：刘新新

科学出版社出版
北京东黄城根北街16号
邮政编码：100717
http://www.sciencep.com
北京建宏印刷有限公司印刷
科学出版社发行　各地新华书店经销
*
2015年3月第　一　版　开本：787×1092　1/16
2019年6月第　二　版　印张：20
2024年5月第四次印刷　字数：474 000

定价：148.00元

(如有印装质量问题，我社负责调换)

作者简介

陆树刚，男，壮族，1957年7月生于云南省广南县，1977年考入云南大学生物系，1982年1月大学毕业后留校任教，1992年被评为副教授，1999年被评为教授，2001年被遴选为云南大学植物学博士生导师，2010年被聘为云南大学生命科学学院二级教授。主持并完成国家自然科学基金5项。发表学术论文100余篇，其中SCI论文20余篇。编著《蕨类植物学》（高等教育出版社）、《蕨类植物学概论》（科学出版社）和《植物分类学》（科学出版社）教材3部。参编《中国植物志》第一卷、第五卷、第六卷，参编*Flora of China* 2-3卷，参编《云南植物志》第二十卷、第二十一卷，参编《中国高等植物》第二卷等学术专著10余部。指导博士研究生23人，其中15人已毕业并获得博士学位。培养硕士研究生20名，已全部毕业并获得硕士学位。为本科生和研究生讲授“植物生物学”“植物地理学”“种子植物分类学”“植物分类学与分布学”“国际植物命名法规”“植物学拉丁文”和“蕨类植物学”等课程。研究成果“中国蕨类植物若干重要类群的系统分类学研究”荣获2008年度云南省科学技术奖自然科学类二等奖（排名第一）。2016年被评为“云南省师德标兵”。

第二版前言

植物是重要的自然资源，与人类生活息息相关。如果没有植物就没有生态系统，如果没有生态系统就没有人类社会。植物分类学是教授人们如何识别植物的科学。自1753年林奈发表《植物种志》(*Species Plantarum*) 以来，凡认识的植物，必须标识其拉丁学名作为身份识别，遂使植物分类学成为一门独立的学科。时至今日，该学科仍是人类知识体系中不可或缺的组成部分。

自2015年3月本人编著的《植物分类学》(第一版)出版之后，该书的创新性得到学界的一致好评。为了完善该书的知识体系，本人又对书中的植物种类进行补充修订，编写了《植物分类学》(第二版)。第二版共使用1238张彩色照片，直观介绍种子植物163科669属1100种(包括变种和变型等)。

本教材中的照片大多数为本人拍摄，少数是同仁或学生提供。中国科学院昆明植物研究所孙卫邦研究员提供华盖木 *Manglietiastrum sinicum* Law (图139) 和长蕊木兰 *Alcimandra cathcartii* (Hook. f. et Thoms.) Dandy (图140) 的照片，郎学东博士提供贡山三尖杉 *Cephalotaxus griffithii* Hook. (图105) 和藤枣 *Eleutharrhena macrocarpa* (Diels) Forman (图215) 的照片，孔冬瑞博士提供心翼果 *Cardiopteris platycarpa* Gagnep. (图684-685) 的照片，在此一并致谢。

书中缺点错误在所难免，敬请各位同仁批评指正。

陆树刚

2019年1月24日 于云南大学英华园

第一版前言

人类生活离不开植物资源。植物分类知识是植物资源保护与利用的基础知识。植物分类学则是培养植物分类人才的基础学科。本人在云南大学执教“植物分类学”30余年，至今仍感授人以鱼不如授人以渔。因此，有必要将多年积累的教学资料进行整理、补充和完善，编著出版本教材。

鉴于本人主编的《蕨类植物学》一书已于2007年由高等教育出版社出版，书中已详细介绍了蕨类植物66科170属310种。本教材将仅包括种子植物。

经典植物分类学人才成长的周期较长，十年八年不够，普遍公认时间约为20年。俗话说的十年树木，百年树人，用于经典植物分类学最贴切。最近以来，由于分子系统学等新兴学科的兴起，经典植物分类学的学科队伍已日渐萎缩，甚至经典植物分类学学科已逐渐淡出大学的讲坛。为了学科的传承与发展，本教材在直观介绍种子植物163科580属909种的基础上，还将作为经典植物分类学两大基石的《国际植物命名法规》简介和植物学拉丁文基础也编写入教材中，使本教材的学科知识体系更加完整。

在本教材中使用了1098张彩色照片，绝大多数系本人拍摄，少数是同仁或学生提供。中国科学院昆明植物研究所孙卫邦研究员提供华盖木*Manglietiastrum sinicum* Law（图125）和长蕊木兰*Alcimandra cathcartii* (Hook. f. et Thoms.) Dandy（图127）的照片，郎学东博士提供贡山三尖杉*Cephalotaxus griffithii* Hook.（图94）的照片，孔冬瑞博士提供心翼果*Cardiopteris platycarpa* Gagnep.（图725-726）的照片。在此一并致谢。

书中缺点错误在所难免，敬请各位同仁批评指正。

陆树刚

2014 年 11 月 30 日于云南大学英华园

目录

第一章 绪论

第二章 《国际植物命名法规》简介

第三章 植物学拉丁文基础

第四章　裸子植物分类

第五章　被子植物分类

第一章　绪　　论

第一节　植物的多样性与分类学的必要性

一、植物的多样性

植物一般是指能进行光合作用、能合成有机物的生物类群，它们被称为绿色植物，如水稻*Oryza sativa* L.、玉米*Zea mays* L.、小麦*Triticum aestivum* L.和马铃薯*Solanum tuberosum* L.等。极少数类群的植物，其细胞中无叶绿素，不能进行光合作用，需要从其他活的植物体或从其他死去的生物遗体中吸收养分，这极少数类群的植物被称为非绿色植物，它们的生活属于寄生生活或腐生生活，如蛇菰*Balanophora japonica* Makino、肉苁蓉*Cistanche salsa*（C. A. Mey.）Benth. et Hook. f.、水晶兰*Monotropa uniflora* L.和天麻*Gastrodia elata* Bl.等。植物、动物和微生物三大生物类群共同组成生物界。传统的植物概念包括藻类、菌类、地衣、苔藓、蕨类和种子植物六大门类，现代的植物概念不包括菌类。

地球上的植物种类繁多，形态各异。藻类植物和地衣因尚无胚胎构造而属于低等植物；苔藓植物、蕨类植物和种子植物(包括裸子植物和被子植物)已有胚胎构造，属于高等植物。苔藓植物因尚无维管束构造而属于高等植物中的非维管植物；蕨类植物和种子植物则属于维管植物。藻类植物、地衣、苔藓植物和蕨类植物因靠孢子繁殖后代而被称为孢子植物；裸子植物和被子植物已会开花结籽，用种子繁殖后代，因而被称为种子植物；被子植物因其已有真正的花和真正的果实等特征而被称为狭义的有花植物。

地球上的生物种类，据估计共有3000万种之多。低等植物的多样性尚无确切的统计数字。高等植物的多样性已基本有定数，其中苔藓植物全世界约有23 000种(胡人亮，1987)，蕨类植物全世界约有12 000种(陆树刚，2007)，裸子植物全世界约有840种(王荷生，2004)，被子植物全世界约有235 000种(叶创兴等，2000)。这些形形色色的植物不仅是自然界生态系统的重要组成部分，而且是人类赖以生存和发展的物质基础。

二、植物分类学的必要性

植物分类学是给纷繁复杂的植物类群进行分门别类，建立其身份档案的科学。据估计，自然界的生物多样性，目前已被发现、描述和命名的物种不到10%。高等植物的多样性虽然绝大多数类群已被命名，但仍有深藏不露的新种，有待人们发现、描述和命名。如果没有植物分类学家用植物分类学语言将植物新种表达出来，许多植物新种将自生自灭，让人类失去宝贵的财富。目前，地球上生物多样性消失的速度比人类积累的分类学知识要快得多，生物分类学家任重道远。

植物分类学是人类利用植物资源和保护植物资源的基础学科。植物资源自古以来就是人类赖以生存的物质基础和精神家园。人类对植物资源的利用需要有植物分类学的知识体系。迄今为止，自然保护、农业、林业、医药、园艺、海关等行业均离不开植物分类学。如果没有植物分类学的知识，植物资源中物种的真实身份将无法识别，名称的同名异物或同物异名现象也将无法甄别，案例不胜枚举。例如，降香黄檀 *Dalbergia odorifera* T. Chen，其别名有海南黄花梨、降香、降香檀、花梨母、花梨、海南花梨木等。红木类家具的原料，其俗名或商品名称更是五花八门，如交趾黄檀 *Dalbergia cochinchinensis* Pierre，商品名就有老挝红酸枝、老挝大红酸枝、老红木、越南黄花梨、香枝木等数个。日常生活中的植物，同名异物或同物异名现象也普遍存在，如“大红袍”，在不同地区指的是不同的植物种类，有蔷薇科的*Rubus eustephanos* Focke、虎耳草科的*Rodgersia pinnata* Franch.、蝶形花科的*Campylotropis hirtella* (Franch.) Schindl.、唇形科的*Salvia miltiorrhiza* Bunge等，在福建武夷山地区，“大红袍”指的是茶科的茶*Camellia sinensis* O. Ktze.的野生种；再如“苦丁茶”，在两广和云南等地指的是冬青科冬青属的*Ilex kudingcha* C. J. Tseng（曾沧江），华东地区指的是冬青科冬青属的枸骨*Ilex cornuta* Lindl. ex Paxt.，华南地区指马鞭草科赪桐属的白花灯笼*Clerodendrum fortunatum* L.，云南还指金丝桃科黄牛木属的苦丁茶*Cratoxylum formosum* (Jack) Dyer或其近缘种黄牛木*C. cochinchinense* (Lour.) Bl.，四川用的是木樨科女真属的序梗女真*Ligustrum pedunculare* Rehd.，广西用的是紫草科的厚壳树*Ehretia thyrsiflora* (Sieb. et Zucc.) Nakai等。国家重点保护野生植物楠木*Phoebe nanmu* (Oliv.) Gamble，其中文名称的别名还有桢楠、滇楠等，其拉丁学名用*Machilus nanmu* (Oliv.) Hemsl.时，其中文名称又称“润楠”，其拉丁学名用*Phoebe zhennan* S. Lee et F. N. Wei时，其中文名称也称“楠木”，至此，模式标本采自云南的楠木*Phoebe nanmu* (Oliv.) Gamble便张冠李戴。

三、植物分类学的定义

植物分类学是对植物类群进行分门别类、鉴定和命名、亲缘关系探讨的一门科学。随着学科的发展，植物分类学有三个层次的定义，即植物分类(plant classification)、植物分类学(plant taxonomy)和植物系统分类学(plant systematics)（Stuessy，1990）。植物分类是对植物类群进行分门别类的技术，如明朝李时珍所著的《本草纲目》。植物分类学是对植物类群进行鉴定和命名的科学，如瑞典生物分类学家林奈所著的《植物种志》。植物系统分类学是在分类(classification)、鉴定(identification)和命名(nomenclature)的基础上，探讨植物类群进化(evolution)与系统发育(phylogeny)的科学。植物系统分类学的科属排列已反映类群间的亲缘关系，如《中国高等植物图鉴》和《中国植物志》等。

四、物种概念

物种是生物分类的基本单位。植物物种应具有一定的形态特征、生理特征、地理分布区和繁殖系统等。亚种是种下分类等级，是地理隔离导致生殖隔离所致，故亚种亦称地理亚种。变种亦是种下分类等级，是生境差异导致形态变化所致，故变种亦称生态型。品种、品系等则是人工培育所致。

在本教材中所用的物种概念，绝大多数是自然物种概念，少数是栽培物种概念。例如，南瓜*Cucurbita moschata*（Duch.）Poiret、芭蕉*Musa basjoo* Sieb. et Zucc.、香蕉*Musa nana* Lour.和水稻*Oryza sativa* L.等是栽培物种的概念。

第二节 植物分类学简史

一、古代植物分类学知识的萌芽（史前－前100年）

自古以来，人类生活离不开植物。人类认识植物和利用植物的历史久远，但在有文字记录之前的历史已无法考证。自有文字记录之后，才开始把植物分类知识记录下来。例如，《诗经》记载植物约132种，《山海经》记载植物约100种，《楚辞》也提到了多种植物。但是，在该时期尚无植物的专著出版。

二、本草学时期（前100-1753年）

《神农本草经》是中国第一部植物学专著，大概成书于的西汉时期。该书的问世就标志着本草学时期的开始，至1753年林奈的《植物种志》出版，又标志着本草学时期的结束。在本草学时期，汉代《神农本草经》收载药物365种，唐代《新修本草》收载药物844种，宋代《证类本草》收载药物1558种，明代《本草纲目》收载药物1892种。但在这些植物专著中，所收载的植物均尚无拉丁学名，因此，本草学时期在学科发展史上属于植物分类的阶段。植物分类学尚未形成学科。

“中国医药之学导源邃古，自有其独特之功效和价值。医药之用，药物关系其半；而植物又占国药之绝对多数。是以《神农本草》至今独为中医药学最重要之宝典。然而神农至今，年代久远，国土纵横，空间广大，许多可供吾人药用之植物，若不以科学方法加以研究整理，则零落委弃，至为可惜。”（引自陈立夫作《滇南本草图谱》序，见经利彬等，1945）。

三、人为分类时期(1753-1859年)

植物分类学开端于16世纪。例如，鲍汉（G. Bauhin）1623年的《植物界纵览》

(*Pinax Theatri Botanici*)已使用了双名法概念；约·雷（J. Ray）1703年的《植物新方法》(*Methodus Plantarum Nova*)就包含了18 000种植物。但植物分类学的成熟是以林奈1737年发表的《植物属志》(*Genera Plantarum*)和1753年发表的《植物种志》为标志。林奈(Carolus Linnaeus，1707-1778)于1761年被封为贵族，名字也改为卡尔·冯·林奈(Carl von Linne)，瑞典人，乌普萨拉大学教授，18世纪最伟大的博物学家和最杰出的科学家之一。他在总结前人知识的基础上，首次系统、科学地采用双名命名法给6000多种植物和4000多种动物命名，他首创的双名命名法一直沿用至今。故自1753年林奈的《植物种志》出版，标志着人为分类时期的开始，至1859年达尔文的《物种起源》出版，又标志着人为分类时期的结束。在人为分类时期，植物专著中所收载的植物类群均已应用拉丁名进行命名。但林奈的物种概念是不变的形态学概念，植物分类学仅停留在分类、鉴定、命名的阶段。该时期尚无生物演化关系的理论。

四、自然分类时期 (1859-1900 年)

达尔文(Charles Robert Darwin，1809-1882)，英国博物学家，进化论的奠基人。达尔文在贝格尔号(Beagle)的环球旅行历时5年(1831-1836)，观察和收集了大量的物种演化证据。他结合华莱士(Alfred Russel Wallace，1822-1913) 1858年提出的生物进化自然选择学说，用20余年的时间完成历史巨著《物种起源》，并于1859年出版。恩格斯认为达尔文《物种起源》的进化理论是19世纪自然科学三大发现(能量守恒和转化定律、细胞学说、进化论)之一。自1859年达尔文的《物种起源》出版，标志着自然分类时期的开始，至1900年孟德尔《植物杂交试验》论文被学术界重新证实，又标志着自然分类时期的结束。在这期间，植物分类学已发展成为植物系统分类学。该时期的植物分类学，不仅进行分类、鉴定和命名，而且系统的排列还可反映类群间的亲缘关系，如哈钦松(Hutchinson)系统和恩格勒(Engler)系统等。

五、系统发育时期 (1900- 现今)

孟德尔(Gregor Johann Mendel，1822-1884)是奥地利天主教神父，遗传学奠基人。1866年，孟德尔发表论文《植物杂交实验》，阐明遗传规律，但未被学界重视。学界人士中，包括当时著名的瑞士植物学家、慕尼黑大学植物学教授内格尔(Karl Wilhelm von Nageli，1817-1891)。直至1900年，荷兰植物学家德佛里斯(Hugo de Vries，1848-1935)、德国植物学家柯灵斯(Carl Erich Correns，1864-1935)和奥地利植物学家丘歇马克(Erich von Seysenegg Tschermk，1871-1963)分别证实了孟德尔的遗传学理论，英国科学家贝特森(1861-1926)引进“遗传学”这个词来描述孟德尔已经奠定的这门学科。至此，才标志着系统发育时期的开始，该时期延续至今。克里克(Francis Crick，1916-2004)和沃森(James Watson，1928-)发现了DNA双螺旋结构，让人类分析DNA成为可能。在这期间，植物系统分类学已发展成为生物系统学，分子系统学证据、细胞学证据可用来证实类群的演化位置及其亲缘关系等。但植物系统分类学仍然植根于经典分类学，分子生物学等新的知识仅能为经典分类提供新的分类依据，使经典分类学日臻完善。诸如APG系统（APG，1998；APG II，2003；APG III，2009）等均是该时期的产物。

第三节　植物分类学的方法

一、检索表

植物分类检索表的形式主要有三种：定距检索表、齐头检索表和平行检索表。在应用上，三种形式各有千秋，或直观明了，或对仗工整，或版面紧凑。举例如下。

高等植物门类定距检索表

1. 植物无维管束构造；植物体结构简单，仅有茎、叶之分或仅为扁平的叶状体，不具真正的根；植物体为配子体；以孢子繁殖后代…………苔藓植物门Bryophyta
1. 植物有维管束构造；植物体结构复杂，有根、茎、叶的分化；植物体为孢子体；以孢子繁殖后代或以种子繁殖后代。
  2. 植物不开花，无种子，以孢子繁殖后代；在生活史中，孢子体和配子体各自独立生活…………蕨类植物门Pteridophyta
  2. 植物会开花，有种子，以种子繁殖后代；在生活史中，配子体寄生在孢子体上（种子植物门Spermatophyta）。
    3. 植物尚无真正的花，无果实结构；胚珠裸露，无子房；全部为木本…………裸子植物亚门Gymnospermae
    3. 植物已具有真正的花，有果实结构；胚珠包被于子房内；木本或草本，一年生或多年生…………被子植物亚门Angiospermae

高等植物门类齐头检索表

1(2)　植物无维管束构造；植物体结构简单，仅有茎、叶之分或仅为扁平的叶状体，不具真正的根；植物体为配子体；以孢子繁殖后代…………苔藓植物门Bryophyta
2(1)　植物有维管束构造；植物体结构复杂，有根、茎、叶的分化；植物体为孢子体；以孢子繁殖后代或以种子繁殖后代。
3(4)　植物不开花，无种子，以孢子繁殖后代；在生活史中，孢子体和配子体各自独立生活…………蕨类植物门Pteridophyta
4(3)　植物会开花，有种子，以种子繁殖后代；在生活史中，配子体寄生在孢子体上（种子植物门Spermatophyta）。
5(6)　植物尚无真正的花，无果实结构；胚珠裸露，无子房；全部为木本…………裸子植物亚门Gymnospermae
6(5)　植物已具有真正的花，有果实结构；胚珠包被于子房内；木本或草本，一年生或多年生…………被子植物亚门Angiospermae

高等植物门类平行检索表

1. 植物无维管束构造；植物体结构简单，仅有茎、叶之分或仅为扁平的叶状体，不具真正的根；植物体为配子体；以孢子繁殖后代……苔藓植物门Bryophyta
1. 植物有维管束构造；植物体结构复杂，有根、茎、叶的分化；植物体为孢子体；以孢子繁殖后代或以种子繁殖后代……2
  2. 植物不开花，无种子，以孢子繁殖后代；在生活史中，孢子体和配子体各自独立生活……蕨类植物门Pteridophyta
  2. 植物会开花，有种子，以种子繁殖后代；在生活史中，配子体寄生在孢子体上(种子植物门Spermatophyta)……3
    3. 植物尚无真正的花，无果实结构；胚珠裸露，无子房；全部为木本……裸子植物亚门Gymnospermae
    3. 植物已具有真正的花，有果实结构；胚珠包被于子房内；木本或草本，一年生或多年生……被子植物亚门Angiospermae

二、文献资料

植物分类学的文献资料浩如烟海，仅文献概览就能构成长篇巨著(马金双，2011)。对植物分类学来讲，文献资料新老兼需，经典的资料历久弥新。文献资料大致可分为三类：教科书、工具书、期刊。对初学者，从教科书入手，为基本知识和基础理论打下基础，所谓科班出身者是也。以往的“植物分类学”教科书有胡先骕的《种子植物分类学讲义》(1951)、汪劲武的《种子植物分类学》(1985，2009)等。一旦入门之后，教科书满足不了需求，就要查阅工具书。工具书虽是备用书籍，但会常用常新。诸如《植物种志》、《中国种子植物科属词典》、《中国高等植物图鉴》、《中国植物志》等。进入研究阶段，教科书和工具书均满足不了需求，就要查阅期刊，如《静生生物调查所汇报》(*Bulletin of the Fan Memorial Institute of Biology*)、《植物分类学报》(*Acta Phytotaxonomica Sinica*)、*Journal of the Linnean Society*、*Taxon*和*Blumea*等。

植物分类学的文献多以缩写的形式在文献引证上应用。例如，银杏*Ginkgo biloba* L.，*Mant. Pl.* 2：313. 1771. 再如，水杉*Metasequoia glyptostroboides* Hu et Cheng in *Bull. Fan Mem. Inst. Biol.* 1(2)：154. f. 1-2. 1948；*Ic. Com. Sin.* 1：315. t. 630. 1972；*Fl. Reip. Pop. Sin.* 7：310. Pl. 71. 1-7. 1978. 等。

三、分类依据

植物分类学的分类依据是多方面的，如形态学(morphology)、解剖学(anatomy)、胚胎学(embryology)、孢粉学(palynology)、细胞学(cytology)、繁殖系统(reproductive system)、分子系统(molecular system)等资料均为植物分类学所用。新的分类依据能提高植物分类学的科学性，展示植物分类学的客观性，从而提升植物分类学的研究水平。

例如，鹅掌楸*Liriodendron chinense* (Hemsl.) Sarg.和北美鹅掌楸*Liriodendron* *tulipifera* L.，其叶片形态特征足以区分这两个物种；松属分为单维管束松亚属*Pinus* subgen. *Strobus*和双维管束松亚属*Pinus* subgen. *Pinus*的依据则是其解剖学特征。推断昆栏树*Trochodendron aralioides* S. & Z.的系统位置亦依据其木质部无导管的解剖学特征。推断马蹄参*Diplopanax stachyanthus* Hand.-Mazz.的系统位置又是根据其胚胎学资料，将原置于五加科Araliaceae之下的马蹄参改置于山茱萸科Cornaceae之下。推断水青树*Tetracentron sinense* Oliv.与木兰科Magnoliaceae的亲缘关系则主要根据其花粉形态，水青树的花粉为三槽，而木兰科的花粉为单槽，证明其系统关系较疏远。昆栏树和领春木*Euptelea pleiosperma* Hook. f. et Thoms.均属于多心皮类，但昆栏树的染色体基数$x = 19$，而领春木的染色体基数$x = 14$，其细胞学证据表明这两个分类群的亲缘关系较疏远，故各自独立成科，主要依据细胞学证据。

第二章 《国际植物命名法规》简介

第一节 《国际植物命名法规》简史

植物分类学需要一个被各国植物学家认可的命名系统，避免使用错误名称或避免产生无用的名称。因此《国际植物命名法规》(*International Code of Botanical Nomenclature*)便应运而生。如果没有《国际植物命名法规》，植物分类学将无法成为一门学科。

《国际植物命名法规》的历史可追溯到1753年林奈发表的《植物种志》，书中他使用双名法给6000多种植物和4000多种动物命名，使过去紊乱的植物名称归于统一。此后的100多年，由于新种的不断增加，命名方面的混乱有增无减，亟需一个能让大家共同遵守的命名法规。至1867年，德康多(Alphonse de Candolle)继承其父(Augustin de Candolle)的基业，首次提出命名法则，并在巴黎召开的植物学会议上通过，植物命名法便逐渐发展成为此后的《国际植物命名法规》。在1900年之前，国际植物学大会附属于国际园艺博览会，《国际植物命名法规》尚未形成完善的版本。1900年第1届国际植物学大会在法国巴黎召开，此后大约每5年召开一次国际植物学大会，如第2届于1905年在奥地利维也纳召开、第3届于1910年在比利时布鲁塞尔召开、第4届于1926年在美国纽约召开(原定于1915年在英国伦敦召开)、第5届于1930年在英国剑桥召开、第6届于1935年在荷兰阿姆斯特丹召开、第7届于1950年在瑞典斯德哥尔摩召开、第8届于1954年在法国巴黎召开、第9届于1959年在加拿大蒙特利尔召开、第10届于1964年在英国爱丁堡召开、第11届于1969年在美国西雅图召开、第12届于1975年在苏联列宁格勒召开、第13届于1981年在澳大利亚悉尼召开、第14届于1985年在德国柏林召开、第15届于1990年在日本东京召开、第16届于1995年在美国圣路易斯召开、第17届于2005年在奥地利维也纳召开、第18届于2011年在澳大利亚墨尔本召开、第19届于2017年在中国深圳召开等。至此，《国际植物命名法规》便与历届国际植物学大会紧密相连。但法规颁布的时间常滞后于大会的时间。迄今为止，《国际植物命名法规》已有20个版本，如巴黎法规(Paris Code，1867年颁布)、邱规则(Kew Rule，1867年颁布)、罗契斯特法规(Rochester Code，1892年颁布)、维也纳法规 (Vienna Code，1906年颁布)、美国法规 (American Code，1907年颁布)、布鲁塞尔法规 (Brussels Code，1912年颁布)、剑桥规则(Cambridge Rules，1935年颁布)、阿姆斯特丹法规(Amsterdam Code，1947年颁布)、斯德哥尔摩法规(Stocklolm Code，1952年颁布)、巴黎法规(Paris Code，1956年颁布)、蒙特利尔法规 (Montreal Code，1961年颁布)、爱丁堡法规(Edinburgh Code，1966年颁布)、西雅图法规(Seattle Code，1972年颁布)、列宁格勒法规(Leningrad Code，

1978年颁布）、悉尼法规（Sydney Code，1981年颁布）、柏林法规（Berlin Code，1987年颁布）、东京法规（Tokyo Code，1993年颁布）、圣路易斯法规（St. Louis Code，1999年颁布）、维也纳法规（Vienna Code，2005年颁布）和墨尔本法规（Melbourne Code，2011年颁布）。

自1950年第7届国际植物学大会开始，成立了国际植物分类学会（International Association for Plant Taxonomy，IAPT），承担《国际植物命名法规》的修订和出版等事项。

第二节　《国际植物命名法规》的原则、规则和辅则

原则（principle）是组成植物命名法规的基础。详细的条款分成规则和辅则，逐条陈述。规则（rule）是以整顿过去的命名和规定未来的命名为目的，凡违反规则的名称，不得予以维持。辅则（recommendation）是处理辅助性的条款，使命名法更明晰，凡违反任何辅则的名称，不可因此而予以废弃，但不得援引为例。

一、原则

《国际植物命名法规》的原则共有6条。因言简意赅，不占篇幅，兹引原文，以资参考。

原则I. 植物命名法规与动物命名法规、细菌命名法规无关。本法规同等适用于现在被认为是植物的所有分类群的命名。

原文：Botanical Nomenclature is independent of zoological and bacteriological nomenclature. The *Code* applies equally to names of taxonomic groups treated as plants whether or not these groups were originally so treated.

这里所谓的植物分类群包括藻类植物、真菌、苔藓植物、蕨类植物、种子植物和化石植物等。

原则II. 植物分类群名称的应用由命名模式来决定。

原文：The application of names of taxonomic groups is determined by means of nomenclatural types.

原则III. 每一个植物分类群的命名都依据优先律原则。

原文：The nomenclature of a taxonomic group is based upon priority of publication.

原则IV. 凡具有一定范畴、位置和等级的植物分类群，只能有一个正确名称，即最早的、符合命名法规各项规定的那个名称，特定情况例外。

原文：Each taxonomic group with a particular circumscription，position，and rank can bear only one correct name，the earliest that is in accordance with the Rules，except in specified cases.

这里所谓的特定情况，诸如种子植物中有8个科具有互用名（alternative names）；裸子植物中的盖子植物纲也具有两个互用名：Chlamydospermatopsida和Gnetopsida；

被子植物中的双子叶植物纲Dicotyledonopsida和木兰纲Magnoliopsida、单子叶植物纲Monocotyledonopsida和百合纲Liliopsida亦属于互用名。

原则V. 所有植物分类群的科学名称(学名)，无论其词源何如，均作为拉丁文处理。

原文：Scientific names of taxonomic groups are treated as Latin regardless of their derivation.

诸如，台湾杉属*Taiwania*和荔枝属*Litchi*的属名，以及楠木*Phoebe nanmu* (Oliv.) Gamble和蚬木*Burretiodendron hsienmu* Chun et How（= *B. tonkinense*)的种加词，虽然其词源于汉语拼音，但用作植物名称之后均被视为拉丁文。

原则VI. 命名法规的各项规则，除另有明确规定者外，皆有追溯既往之效。

原文：The rules of nomenclature are retroactive unless expressly limited.

这里所谓的“追溯既往”之效，与“既往不咎”恰恰相反。即有新规定者，按新规定，无新规定者，照老规则。

二、规则和辅则

《国际植物命名法规》的规则共有62条。规则之下的辅则或有或无。兹遴选部分条款作介绍。

规则1-5规定分类群的定义及其等级。在植物命名法规中，植物分类学上任何等级的具体类群均被称为分类群(复数taxa，单数taxon)。

植物分类群的主要等级自上而下依次为：界(kingdom或regnum)、门(division或divisio或phylum)、纲(class或classis)、目(order或ordo)、科(family或familia)、属(genus)、种(species)。如果需要，可加次要等级，如界(kingdom或 regnum)、亚界(subregnum)、门(division或divisio或phylum)、亚门(subdivisio或subphylum)、纲(class或classis)、亚纲(subclassis)、目(order或ordo)、亚目(subordo)、科(family或familia)、亚科(subfamilia)、族(tribus)、亚族(subtribus)、属(genus)、亚属(subgenus)、组(sectio)、亚组(subsectio)、系(series)、亚系(subseries)、种(species)、亚种(subspecies)、变种(varietas)、亚变种(subvarietas)、变型(forma)和亚变型(subforma)等。

上述等级制度中的层次关系不能改变。

有关分类的等级及其概念还可参考陈世骧(1978)和海吾德(1979)的专著。陈世骧等认为植物分类的等级包括阶层系统、分类阶元、分类群和类群等概念。阶层系统(hierarchy)是分类的等级制度或层次关系。分类阶元(category)是指阶层系统中的任何一个层次等级。分类群(taxon)是指分类阶元中的任何一个具体的分类类群(taxonomic group)。类群(group)是泛指任何一类群而不讲究其等级。

规则6. 规定名称有效发表和合格发表的条件和日期。在植物分类学中的名称，只有已有效发表和已合格发表，该名称才获得分类学上的合法地位。

规则6.1. 有效发表(effective publication)是指符合规则29-31条的发表。规则29-31规定名称有效发表的条件和日期。

例如，蒜头果*Syndiclis oleifera* Chun et Lee, ined. (Lauraceae), 1973，《中国

油脂植物手册》，属于无效发表。蒜头果*Melanhonia oleifera*（Chun et Lee）Chun,（Icacinaceae), 1973，《云南经济植物》，仍属于无效发表。蒜头果*Malania oleifera* Chun et S. Lee, (Olacaceae), 1982，《广西石灰岩山植物图谱》，属于有效发表。

规则6.2. 合格发表(valid publication)是指符合规则32-45条的发表。规则32-45规定名称合格发表的条件和日期。

名称(name)一词指已合格发表的名称，无论名称是合法的还是非法的。合法名称(legitimate name)是符合命名法规各项规则的名称。非法名称(illegitimate name)是违反模式标定规则或违反废弃名称规则的名称。

例如，望天树有3个已合格发表的名称：*Parashorea chinensis* Wang Hsie（1977）；*Shorea chinensis*（Wang Hsie）H. Zhu（1992)[晚出同名，非法名称，non *Shorea chinensis*（1914)]；*Shorea wangtianshuea* Y. K. Yang（1994)(新名称)。这种正确名称(correct name)与其异名的命名模式为同一个模式的异名被称为命名上的异名(nomenclature synonym)。当所有的旧名称都不能使用时，新命名的名称称为新名称(nomen novum 或 nom. nov.)，如上述的*Shorea wangtianshuea* Y. K. Yang（1994)是望天树的新名称，也是望天树目前的正确名称(correct name)。

规则7-10分别规定科、属、种等分类群的模式标定。植物类群的命名由命名模式决定。模式标定(typification)是经典植物分类学的组成元素之一。

科、亚科、族、亚族的命名模式是一个属。例如，苏铁科Cycadaceae的命名模式是苏铁属*Cycas*、野牡丹科Melastomataceae的命名模式是野牡丹属*Melastoma*、蔷薇科Rosaceae的命名模式是蔷薇属*Rosa*、杨柳科Salicaceae的命名模式是柳属*Salix*等。有8个科列外，即菊科Compositae、十字花科Cruciferae、禾本科Gramineae、藤黄科Guttiferae、唇形科Labiatae、豆科Leguminosae、棕榈科Palmae和伞形科Umbelliferae。上述这8个科的科名由于长期使用而被认可，作为保留科名使用，不要求命名模式属，也不要求科具统一词尾-aceae。但上述8个科也有互用名，其对应的互用科名要求命名模式属，也要求科的统一词尾-aceae，即菊科Compositae = Asteraceae（模式属*Aster*)、十字花科Cruciferae = Brassicaceae（模式属*Brassica*)、禾本科Gramineae = Poaceae（模式属*Poa*)、藤黄科Guttiferae = Clusiaceae（模式属*Clusia*)、唇形科Labiatae = Lamiaceae（模式属*Lamium*)、豆科Leguminosae = Fabaceae（模式属*Faba* = 模式属*Vicia*)、棕榈科Palmae = Arecaceae（模式属*Areca*)和伞形科Umbelliferae = Apiaceae（模式属*Apium*)。

属、亚属、组、亚组、系、亚系的命名模式是一个种。例如，苹果属*Malus*的命名模式是苹果*Malus pumila* Mill.等。

种、亚种、变种、变型的命名模式是一份(号)标本，并指出其存放地。

分类群的名称模式有多种。主模式(holotype)是定名者使用过的或指定为命名模式的那份标本或插图。后选模式(lectotype)是当发表时未指明主模式，或当主模式丢失，或当主模式包含1个以上的分类群时，从原始材料中指定的作为命名模式的标本或插图。等模式(isotype)是主模式的任何一个复份标本，它总是一份标本。合模式(syntype)是未指定主模式时原始材料中所引证的任何一份标本，或是多份标本同时被指定为模式时其中的任何一份标本。副模式(paratype)是指原始文献中所引证的标本，但它不是主模式、等模式或合模式。新模式(neotype)是指当原始材料不复存在(原始材料遗失)时，被选作命名模式的一份标本或插图。附加模式(epitype)是作为解释性说明的一份模式标本或插图。此外，还有产地模式(topotype)、近模式(plesiotype)、后模式(metatype)、配模式(allotype)等。

规则11-15分别规定优先律原则及优先律原则的限制。例如，种子植物和蕨类植物优先律原则的起始时间是1753年5月1日[林奈《植物种志》(第一版)]。再如，黄山松有两个名称：*Pinus taiwanensis* Hayata (1911) 和*Pinus hwangshanensis* Hsia (1936)，根据命名法规的优先律原则，选用最早发表的*Pinus taiwanensis* Hayata作为黄山松的正确名称，后发表的*Pinus hwangshanensis* Hsia变成了异名。这种正确名称与其异名的命名模式分别为不同模式的异名被称为分类上的异名(taxonomic synonym)。命名法规的优先律原则常被应用，如蚬木的名称：*Burretiodendron hsienmu* Chun et How (1956)和 *Burretiodendron tonkinense* (Gagnep.) Kosterm. (1960)[基原异名是*Parapentace tonkinensis* Gagnep (1943)]；北越龙脑香的名称：*Dipterocarpus retusus* Bl. (1828)和*Dipterocarpus tonkinensis* A. Chev. (1918)；喙核桃的名称：*Annamocarya sinensis* (Dode) Leroy (1950)[基原异名是*Carya sinensis* Dode (1912)]、*Annamocarya indochinensis* Leroy (1941) 和*Rhamphocarya intgrifoliolata* K. Z. Kuang (1941)等。

规则16-28分别规定各等级分类群的命名法。科以上分类群的名称被视为第一个字母大写的复数名词。科名是作名词用的复数形容词，科的构词法是在模式属的词干上加上科的词尾-aceae来构成(构词法在本教材第三章中论述)。亚科、族、亚族的名称是作为名词使用的复数形容词，其构词法也是在模式属的词干上加上词尾来构成，亚科的词尾是-oideae，族的词尾是-eae，亚族的词尾是-inae。属名是第一个字母大写的单数主格名词，属的名称的命名可取自任何词源，或任意方式构成。例如，*Rosa*、*Cycas*、*Trifolium*、*Magnolia*、*Taiwania*、*Ginkgo*、*Litchi*、*Cydonia*、*Docynia*、*Asarum*、*Saruma*、*Nicotiana*等。种的名称由属名(genus name)和种加词 (specific epithet)构成，故称双名(binomial name)。双名命名(binary nomenclature)是林奈首创。双名之后再加上定名人，如水杉*Metasequoia glyptostroboides* Hu et Cheng (Hu 即Hu Hsen-hsu，胡先骕；Cheng即Cheng Wan-chun或W. C. Cheng，郑万钧)。种下等级的命名是三名命名，如黄金间碧玉*Bambusa vulgaris* var. *vittata* A. et C. Riv. 等。

种加词有4种来源：即形容词作种加词、名词作种加词、人名作种加词和地名作种加词。形容词作种加词时，要求与属名的性别一致，如黄瓜*Cucumis sativus* L.、水稻*Oryza sativa* L.等。名词作种加词，不要求与属名同性，如烟草*Nicotiana tabacum* L.、西府海棠*Malus micromalus* Makino和北美鹅掌楸*Liriodendron tulipifera* L.等。人名作种加词时，通常用其所有格，如苍山冷杉*Abies delavayi* Franch.、澜沧黄杉*Pseudotsuga forrestii* Craib和云南七叶树*Aesculus wangii* Hu ex Fang等。地名作种加词，种加词为二尾形容词，种加词的性别要求与属名一致，如云南松*Pinus yunnanensis* Franch.、鹅掌楸*Liriodendron chinense* (Hemsl.) Sarg. 和旱冬瓜*Alnus nepalensis* D. Don等。

规则29-31规定有效发表的条件和日期。凡新分类群的发表，印刷品必须是公开发行，且植物学家能到达的图书馆有收藏，才是有效发表，否则是无效发表。如在公共集会(public meeting)上宣布，或文稿(manuscript)、打字稿(typescript)、未发表材料(unpublished material)、网上发表(online publication)、电子媒体(electronic media)等均属无效发表。但1953年1月1日之前，擦不掉的手写体(indelible autograph)出版物是有效发表，此后的视为无效发表。例如，石竹科的金铁锁*Psammosilene tunicoides* W. C. Wu et C. Y. Wu，是吴蕴珍教授及其弟子吴征镒在西南联合大学期间，于1945年在《滇南本草图》中用擦不掉的手写体发表，属于有效发表。

规则32-45条规定名称合格发表的条件和日期。分类群名称的合格发表：①必须有效发表；②仅由拉丁字母组成；③符合各等级分类群的命名法；④具有拉丁文的描述或特征集要，或引用了先前有效发表的描述或特征集要；⑤符合名称合格发表的条件和日期条款的所有要求。分类群的特征集要是定名者将其区别于其他类群的一个陈述。

规则46-50规定作者引证。规则46.4中规定“ex”的应用，如构树*Broussonetia papyrifera*（L.）L'Herit. ex Vent.的名称中，L'Herit. 是该名称的组合者，Vent.是该名称的发表者，发表者Vent.对该名称负责。如嫌定名人过多，要作省略，则将“ex”之前的L' Herit. 省略，简短的名称为*Broussonetia papyrifera*（L.）Vent.。同例还有寸金草*Clinopodium megalanthum*（Diels）C. Y. Wu et Hsuan ex H. W. Li，可省略为*Clinopodium megalanthum*（Diels）H. W. Li。辅则46C.1. 两个作者共同发表的名称，二者的姓名均应被引证，并以“et”或“&”相连。例如，蚬木*Burretiodendron hsienmu* Chun et How（Chun或Chun Woon-yong，陈焕镛，How或How Foon-chew，侯宽昭）；再如银杉*Cathaya argyrophylla* Chun et Kuang（Kuang Ko-zen，匡可任）。辅则46C.2. 两个以上的作者共同发表的名称，除在原始文献中外，只引证第一作者，其后加“et al.”或“& al.”。例如，三七*Panax notoginseng*（Buurk.）F. H. Chen ex C. Chow et al.和屏边三七*Panax stipuleanatus* Tsai et Feng ex C. Chow et al.等。辅则50A.1. 引证一个因原先仅作为异名而没有被合格发表的名称时，应注明“as synonym”或“pro syn.”。辅则50B.1.引证裸名时，应注明“nomem nudum”或“nom. nud.”来表明其地位。辅则50C.1. 引证晚出同名时，其后应注明“non”（不是）和早出同名的作者，并最好加上发表日期。如有多个同名，则再加上“nec”（也不是）。例如，金铁锁的异名*Silene cryptantha* Diels（1912），non Visiani（1824），nec Hand.-Mazz.（1929），故现今的金铁锁*Psammosilene tunicoides* W. C. Wu et C. Y. Wu（1945）是正确名称。辅则50D.1. 引证错误鉴定的名称时，应在原来作者姓名和文献前加注“auct. non”（某些作者的，不是原来作者的）。例如，西藏长叶松*Pinus roxburghii* Sarg.（1897），其异名*Pinus longifolia* auct. non Salisb.: Roxb. ex Lamb. Gen. Pinus 1：29. t. 21. 1803。说明某些作者(Roxb. ex Lamb.)鉴定为*Pinus longifolia*或者是西藏长叶松，而*Pinus longifolia* Salisb. 是另外的松树。

辅则50E.1. 规定引证保留名称时，应注明“nom. cons.”（保留名称）。保留名称是发表时不具有优先权的名称，或发表时已是非法的名称，但名称已被广泛使用，如改变则会引起混乱，为维持稳定而保留。例如，山茶属*Camellia* L.（nom. cons.）（1753）是针对*Thea* L.（1753）而被保留；再如水杉属*Metasequoia* Hu et Cheng（nom. cons.）in *Bull. Fan Mem. Inst. Biol. Bot.* ser. 1(2)：154. 1948是针对*Metasequoia* Miki in *Jap. Journ. Bot.* 9：261. 1941而被保留，*Metasequoia* Hu et Cheng的模式种是水杉

Metasequoia glyptostroboides Hu et Cheng，而*Metasequoia* Miki的模式种是化石植物*Metasequoia disticha* (Heer) Miki。山茶科Theaceae (nom. cons.) 也因其模式属*Thea* L.是异名而不合法，但为维持稳定而被保留。菊科Compositae、十字花科Cruciferae、禾本科Gramineae、藤黄科Guttiferae、唇形科Labiatae、豆科Leguminosae、棕榈科Palmae和伞形科Umbelliferae均是保留科名。

辅则50F.1. 引证的名称形式不同时，应用引号注明其准确的原始形式，如冬樱桃*Prunus cerasoides*（“*ceraseidos*”）D. Don。

规则51-58规定名称的废弃。合法名称不能被废弃，非法名称应予废弃。晚出同名是非法名称，应予废弃，但保留名例外。同名仅限于植物范围，但应尽可能避免使用已存在的动物和细菌分类群的名称。种或属下分类群的名称，即使其加词最初置于非法的属名下，也可以是合法名称。

规则59规定多型生活史真菌的名称。

规则60-62规定名称的拼写和性。

第三章　植物学拉丁文基础

植物学拉丁文和《国际植物命名法规》是植物分类学的两大基石。没有植物学拉丁文基础和《国际植物命名法规》知识的植物分类不能成为植物分类学。

拉丁语原是欧洲意大利中部拉丁部族的语言，后来发展成为罗马帝国的语言，在地中海沿岸和西欧等地广为传播。现今世界上有60多个国家先后采用拉丁(罗马)字母拼写本国文字。拉丁字母作为科学符号是各国所通用的。在语言方面，不仅拉丁语系的意大利语、西班牙语和法语，就是非拉丁语系的英语、德语等，也都吸取了大量的拉丁语词汇。但拉丁语不是现代语言，而是“死”的语言，现今，除梵蒂冈外，已没有一个国家再用拉丁语作为官方语言，故称为“拉丁文”。拉丁文很少随时代而变化，加之词汇丰富，词义固定，寓意精准，语法结构比较严谨，用在科学用语上，其表达不会发生混乱和误解，所以在生物学和医药学等方面的应用仍然十分广泛。

植物学拉丁文是植物分类学的一种国际语言。虽然只有植物新分类群的发表才必须用拉丁文来写其特征集要或特征描述，但是，早期文献中的拉丁文原始材料仍是植物分类学研究的重要参考资料，如果没有植物学拉丁文知识，植物分类学的研究几乎不能进行。1879年，John Berkenhout写道，对于那些甘心对拉丁文处于无知状态的人们，植物学的研究是没有他们的份的(原文：Those who wish to remain ignorant of the Latin language，have no business with the study of Botany.)（Stearn，1966；Stearn著，秦仁昌译，俞德浚、胡昌序校，1978）。1880年，A. de Candolle指出，植物学家所用的拉丁文不是拉丁语，而是经林奈系统整理过的、符合语法规则的、词句排列有序的拉丁文。植物分类学工作者一经掌握了植物学拉丁文这个有价值的文字工具，就可打开植物分类学知识宝库。

自1959年以后，《国际植物命名法规》规定，在1935年1月1日及此后所发表的植物新分类群，必须伴有拉丁文的特征集要或拉丁文描述，才算合格发表。植物学拉丁文虽然是“死”的语言，但仍在不断吸收新术语而不断发展。

第一节　拉丁文字母和发音

拉丁文由词组成，而词又由字母组成。字母是词的书写形式的最小单位。每个拉丁字母在词里各有其读音。拉丁文字母有25个。原没有W，但作为外来语，W也可列入字母表，发音[v]。26个字母的名称和发音见表3-1。

拉丁文字母一般分为元音和辅音两类。

元音字母又分单元音和双元音两种。单元音共有6个，即a、e、i、o、u、y。i、u在其他元音前为半辅音，作为半辅音时可用j、v代替。双元音是由两个元音组合而成，双元音主要有4个，即ae、oe、au、eu。元音字母是组成拉丁文的音节单位。任何一个拉丁文词汇至少要有一个元音。

辅音字母也分为单辅音和双辅音。单辅音有20个，即b、c、d、f、g、h、j、k、l、m、n、p、q、r、s、t、v、(w)、x、z。双辅音字母有4个，即ch、ph、rh、th。

在现今的课堂教学和学术交流中，植物学名的发音已有英语化的趋势，这不是时尚，而是缺乏经典的表现。因此，掌握拉丁文字母的发音规则是植物学拉丁文的基础。

元音的发音。6个单元音字母a、e、i、o、u、y的发音见表3-1。4个双元音字母ae、oe、au、eu的发音见表3-2。有时会遇到两个元音并列在一起，但并未构成双元音，要分开读。在这种情况下，可在第二个元音字母上标以分音符“¨”，以示分音，如水韭属*Isoëtes* L.。

表3-1　拉丁文字母和发音表

字母（大写、小写）	名称（国际音标）	发音（国际音标）
A　a	[a:]	[a]
B　b	[be]	[b]
C　c	[tse]	[k] 或 [ts]
D　d	[de]	[d]
E　e	[e]	[e]
F　f	[ef]	[f]
G　g	[ge]	[g]
H　h	[ha:]	[h]
I　i	[i]	[i]
J　j	[jot]	[j]
K　k	[ka:]	[k]
L　l	[el]	[l]
M　m	[em]	[m]
N　n	[en]	[n]
O　o	[ou]	[o]
P　p	[pe]	[p]
Q　q	[ku:]	[k]
R　r	[er]	[r]
S　s	[es]	[s]
T　t	[te]	[t]
U　u	[u:]	[u]
V　v	[ve]	[v]
W　w	[dubleve]	[v]
X　x	[iks]	[ks]
Y　y	[ipsilon]	[i]
Z　z	[zeta]	[z]

表3-2　双元音的发音及实例表

双元音	发音（国际音标）	应用实例
ae	[e]	豆科 Leguminosae、棕榈科 Palmae
oe	[e]	栾树属 *Koelreuteria*
au	[au]	月桂属 *Laurus*、泡桐属 *Paulownia*
eu	[eu]	桉属 *Eucalyptus*、杜仲属 *Eucommia*

辅音的发音。4个双辅音字母ch、ph、rh、th的发音见表3-3。20个单辅音字母的发音大部分只有一种发音(表3-1)，但部分字母可有两种发音，特别是在辅音字母组合中的发音具有特殊规定。

表3-3　双辅音的发音及实例表

双辅音	发音（国际音标）	应用实例
ch	[k]	扁柏属 *Chamaecyparis*
ph	[f]	石楠属 *Photinia*、大戟属 *Euphorbia*
rh	[r]	杜鹃花属 *Rhododendron*、盐肤木属 *Rhus*
th	[t]	山茶科 Theaceae

C的发音：可发[k]和[ts]两个声音，但有特殊规定。在元音字母a、o、u、au之前，以及在辅音字母之前，或在词的末尾，读[k]，如山茶属*Camellia* L.、椰子属*Cocos* L.、柏木属*Cupressus* L.和距药姜属*Cautleya* Royle等。在元音字母e、i、y、ae、oe、eu之前，读[ts]，如苏铁属*Cycas* L.、青冈属*Cyclobalanopsis* Oerst.和贝母兰属*Coelogyne* Lindl.等。

G的发音：可发[g]和[dʒ]两个声音，但有特殊规定。多数情况下读[g]，如白珠树属*Gaultheria* Kalm ex L.、银桦属*Grevillea* R. Br.、禾本科Gramineae等。但在元音字母e、i、y、ae、oe之前，读[dʒ]，如银杏属*Ginkgo* L.等。

L、M、N、P、T等重辅音的发音。当这些字母重叠时，两个字母都要清晰发音，且不间断，如水苋菜属*Ammannia* L.和阿米属*Ammi* L.等。

QU的发音：字母q一般多与u联写，qu读[kw]，其后总是跟随元音，如栎属*Quercus* L.和使君子属*Quisqualis* L.等。

CT、CN、GN、PS、PT等的发音：当ct、cn、gn、ps、pt位于词首时，其第一个字母读得短而清，如买麻藤属*Gnetum* L.、木兰属*Magnolia* L.、黄杉属*Pseudotsuga* Carr.和翅子树属*Pterospermum* Schreber等。

S的发音：在两个元音之间，或在字母m、w之前读[z]，如泽泻属*Alisma* L.。其他情况读[s]，如*Rosa* L.等。

SCH的发音：sch在来源于希腊语的词中，相继按s、ch发音，如鹅掌柴属*Schefflera* J. R. et G. Forst.和五味子属*Schisandra* Michx.等。但在人名中读[ʃ]。

来自人名、地名的植物名称的发音：源于人名的学名，其发音根据“音从主人”原则，最好沿用其来源国家的语音。这样，在这类学名中，有些字母的发音，不尽与上述规则符合，如观光木属*Tsoongiodendron* Chun、山铜材属*Chunia* H. T. Chang、保亭花属*Wenchengia* C. Y. Wu et S. Chow等。*Tsoongiodendron*是纪念植物分类学家钟观光(Tsoong Kuan-kwang)，第一个音节要发“钟(zhong)”音。*Chunia*是纪念植物分类学家陈焕镛(Chun Woon-young或Chun)，第一个音节要发“陈(chen)”音。*Wenchengia*是纪念植物分类学家吴蕴珍(Wu Wen-cheng)，第一个音节要发“蕴(yun)珍(zhen)”音。

音节及重音：植物学拉丁文的重音与音节的长短有关，而音节的长短又与该音节中的元音的长短有关。每一个拉丁文词汇，根据其所含元音的数目分为若干音节。一音节，如盐肤木属*Rhus* L.；二音节，如水青冈属*Fagus* L.、玉米黍属*Zea* L.；三音节，如桦木属*Betula* L.；四音节，如樟属*Cinnamomum* Trew；五音节，如杉木属*Cunninghamia* R. Br.；六音节，如棋子豆属*Cylindrokelupha* Kosterm.等。

在一个拉丁文词汇中，必定有一个音节读得较其他音节重一些，这一音节称为重音节，应在这一音节的元音上方加重音符号“′”，以示重音所在。重音的主要规则是：重音绝不会在最后一个音节上；单音节的词，只有一个元音(或双元音)，重音必在其上；双音节的词，重音在前一音节上，如早熟禾属*Pó-a* L.；三个或三个以上音节的词，重音一般在倒数第二个音节上，如杜鹃花属*Rho-do-dén-dron* L.，但如果倒数第二个音节是短音节，则重音就在倒数第三个音节上。来自人名地种加词的重音，重音必在-ii、-iae之前的一个音节上，如华山松的种加词*Pinus ar-mán-dii* Franch.，但最好“音从主人”，按原来人名的重音来读。

第二节　植物学拉丁文语法

拉丁文共有10种词类：即名词(substantivum)、形容词(adjectivum)、数词(numerale)、代词(pronomen)、动词(verbum)、分词(participles)、副词(adverbium)、介词或前置词(praepositio)、连接词(conjunctio)和感叹词(interjectio)。

在这10种词类中，前6类，即名词、形容词、数词、代词、动词和分词，是可变化的词类；后4类，即副词、介词或前置词、连接词和感叹词，是不可变化的词类。可变化的词类是一个词的形态，因它在句子中所起的作用，所处的地位，以及和其他词的关系而发生变化。变化的部分通常发生在词尾上。

一、名词

拉丁文是一种词尾多变化的文字，通过其词尾的变化来反映其性(gender)、数(number)、格(case)的变化。

拉丁文名词是有性、数、格的变化的词。拉丁文名词的性别有阳性(masculinum)、阴性(femininum)、中性(neutrum)三种。一般用缩写m.代表阳性，用缩写f.代表阴性，用缩写n.代表中性。

拉丁文名词的数有单数(numerus singularis)和复数(numerus pluralis)两种。一般用缩写s.代表单数，用缩写pl.代表复数。

拉丁文名词的格主要有5种：即主格(nominative，Nom.)、受格(accusative，Acc.)、所有格(genitive，Gen.)、与格(dative，Dat.)、夺格或工具格(ablative，Abl.)。此外还有呼格(vocative，Voc.)、定位格或位置格(locative case)等。主格在句子中作主语；受格作行为的直接目的语；所有格表示人或物的所有形式，相当于汉语“的”字，若人名作为种加词，则种加词多用人名的所有格形式，如华山松*Pinus armandii* Franch.、川滇冷杉*Abies forrestii* C. C. Rog.、丽江山荆子*Malus rockii* Rehd.等；与格作行为的间接目的语；工具格(或夺格)表示地点、时间、工具等；定位格(或位置格)与工具格相近；呼格是用来称呼人或物。

变格是拉丁文名词常因性、数、格的不同，其词尾的变化表现。格是由词干加上变格词尾构成的，格的变化，表现为词尾的差异。变格时，词干不变。词干是构词法的基础。寻找词干的方法，是将一个词的单数所有格的词尾除去，即可获得其词干。在一般的词典里，名词原形(单数主格)后面，常附有所有格的词尾和表示性别的缩写词。例如，植物planta (s. f. I)，ae，f. 意思是planta的形式是单数(s.)、阴性(f.)、属于第一变格法(I)，planta的单数(sing.)所有格(gen.)形式是plantae，词尾是-ae，那么词干就是plant-。拉丁文的名词，根据单数所有格词尾的不同，可区分为5种变格法(表3-4)。

表3-4　单数所有格词尾区分5种变格

第一变格法	第二变格法	第三变格法	第四变格法	第五变格法
-ae	-i	-is	-us	-ei

1. 名词第一变格法

第一变格法(first declension)的拉丁文名词，在词典里用I表示，其单数主格词尾为-a，它们几乎都是阴性。但属于希腊词来源的名词的词尾为-ma者是中性，且属于第三变格法。例如，科familia、草本植物herba、植物planta、鳞片squama等均属于第一变格法；属名的词尾为-a者全部属于第一变格法，如*Rosa*等(表3-5)；地理名词的词尾为-a者也属于第一变格法，如Asia、China等。

表3-5　名词第一变格法举例：蔷薇属*Rosa*

格	单数	复数
主格	Rosa	Rosae
受格	Rosam	Rosas
所有格	Ros-ae	Rosarum
与格	Rosae	Rosis
夺格	Rose	Rosis

2. 名词第二变格法

第二变格法(second declension)的拉丁文名词，在词典里用II表示，其单数主格词尾为-us、-er或-um，所有格单数词尾为-i，所有格复数词尾为-orum。现以松属Pinus为例，说明名词第二变格法(表3-6)。

表3-6　名词第二变格法举例：松属*Pinus*

格	单数	复数
主格	Pinus	Pini
受格	Pinum	Pinos
所有格	Pin-i	Pinorum
与格	Pino	Pinis
夺格	Pino	Pinis

3. 名词第三变格法

第三变格法(third declension)的拉丁文名词，在词典里用III表示。属于第三变格法的拉丁文名词数量巨大，其单数主格词尾多达22种类群。这些词尾是：①-al；②-ar；③-as；④-ax；⑤-e；⑥-en；⑦-er；⑧-es；⑨-ex；⑩-i；⑪-is；⑫-ix；⑬-ma；⑭-o；⑮-on；⑯-or；⑰-os；⑱-s（-bs、-ms、-ns、-rs）；⑲-us；⑳-ut；㉑-ys；㉒-yx。以下列举部分词例，以举一反三(表3-7-表3-16)。

表3-7　苏铁属*Cycas* (s. f. III.)的变格法

格	单数	复数
主格	Cycas	Cycades
受格	Cycadem	Cycades
所有格	Cycad-is	Cycadum
与格	Cycadi	Cycadibus
夺格	Cycade	Cycadibus

表3-8　(所有格单数词尾为-is者)茎caulis (s. m. III.)的变格法

格	单数	复数
主格	caulis	caules
受格	caulem	caules
所有格	caulis	caulium
与格	cauli	caulibus
夺格	caulie	caulibus

表3-9　(所有格单数词尾为-idis者)心翼果属*Cardiopteris* (s. f. III.)的变格法

格	单数	复数
主格	Cardiopteris	Cardiopterides
受格	Cardiopteridem	Cardiopterides
所有格	Cardiopterid-is	Cardiopteridum
与格	Cardiopteridi	Cardiopteridibus
夺格	Cardiopteride	Cardiopteridibus

表3-10　柳属*Salix* (s. f. III.)的变格法

格	单数	复数
主格	Salix	Salices
受格	Salicem	Salices
所有格	Salic-is	Salicum
与格	Salici	Salicibus
夺格	Salice	Salicibus

表3-11　泽泻属*Alisma* (s. f. III.)的变格法

格	单数	复数
主格	Alisma	Alismata
受格	Alisma	Alismata
所有格	Alismat-is	Alismatum
与格	Alismati	Alismatibus
夺格	Alismate	Alismatibus

表3-12　十萼花属*Dipentodon* (s. f. III.)的变格法

格	单数	复数
主格	Dipentodon	Dipentodones
受格	Dipentodonem	Dipentodones
所有格	Dipentodont-is	Dipentodonum
与格	Dipentodoni	Dipentodonibus
夺格	Dipentodone	Dipentodonibus

表3-13　树木arbor (s. f. III.)的变格法

格	单数	复数
主格	arbor	arbores
受格	arborem	arbores
所有格	arboris	arborum
与格	arbori	arboribus
夺格	arbore	arboribus

表3-14　花flos (s. m. III.)的变格法

格	单数	复数
主格	flos	flores
受格	florem	flores
所有格	floris	florum
与格	flori	floribus
夺格	flore	floribus

表3-15　(蕨类、苏铁类、棕榈类的)叶frons (s. f. III.)的变格法

格	单数	复数
主格	frons	frondes
受格	frondem	frondes
所有格	frondis	frondium
与格	frondi	frondibus
夺格	fronde	frondibus

表3-16　花萼calyx (s. m. III.)的变格法

格	单数	复数
主格	calyx	calyces
受格	calycem	calyces
所有格	calycis	calycum
与格	calyci	calycibus
夺格	calyce	calycibus

从以上变格法可知植物科名与其命名模式属的词源关系。例如，苏铁科Cycadaceae来源于*Cycas*（所有格单数cycad-is）；心翼果科Cardiopteridaceae来源于*Cardiopteris*（所有格单数Cardiopterid-is）；杨柳科Salicaceae来源于*Salix*（所有格单数salic-is）；泽泻科Alismataceae来源于*Alisma*（所有格单数Alismat-is）；同例，野牡丹科Melastomataceae来源于*Melastoma*（属于词尾-ma的变格法，非词尾-a的变格法，所有格单数melastomat-is）；十齿花科Dipentodontaceae来源于*Dipentodon*（所有格单数Dipentodont-is）等。

4. 名词第四变格法

第四变格法（fourth declension）的拉丁文名词，在词典里用IV表示，其单数主格词尾为-u或-us，所有格单数词尾为-us。现以族tribus（s. f. IV.）为例，说明名词第四变格法（表3-17）。

表3-17　名词第四变格法举例：族tribus (s. f. IV.)

格	单数	复数
主格	tribus	tribus
受格	tribum	tribus
所有格	tribus	tribuum
与格	tribui	tribibus
夺格	tribu	tribibus

5. 名词第五变格法

第五变格法（fifth declension）的拉丁文名词，在词典里用V表示，其单数主格词尾为-s，单数所有格词尾为-i。现以种species（s. f. V.）为例，说明名词第五变格法（表3-18）。

表3-18　名词第五变格法举例：种species (s. f. V.)

格	单数	复数
主格	species	species
受格	speciem	species
所有格	speciei	specierum
与格	speciei	speciebus
夺格	specie	speciebus

二、形容词和分词

植物学拉丁文的形容词很丰富。形容词加到各器官的名称上便组成植物的描述。形容词加到属名上便成为物种名称的种加词，形容词作种加词时，其性别要求与属名一致，如黄花蒿*Artemisia annua* L.、辣椒*Capsicum annuum* L.和向日葵*Helianthus annuus* L.等。形容词同名词一样，也具有性、数、格的变化。形容词必须同它所形容的那个名词在性、数、格三方面要求一致。因此，每一个形容词均有三个性(而名词只有一个性)，二个数，五个格。植物学拉丁文的分词也具有形容词的功用，它们的用途和变格法也同于形容词。

植物学拉丁文的形容词和分词，其变格法分为三个类群：类群A、类群B和类群C。类群A是其单数主格词尾为-us（阳性）、-a(阴性)、-um(中性)，或-er(阳性)、-ra(阴性)、-rum(中性)的所有词类，它们的格尾同名词的第一和第二变格法。类群B是其单数主格词尾为-is（阳性和阴性）、-e(中性)，或-er(阳性)、-ris(阴性)、-re(中性)，或-x、-ens、-ans(各性相同)的词类，它们的格尾与名词的第三变格法基本相同。类群C是希腊文起源的形容词，因词尾特殊而在变格时发生困难，须作特殊规定。列举词例如下(表3-19-表3-24)。

表3-19　类群A形容词(三尾形容词)变格法举例：长的longus (adj. A)

格	单数			复数		
	阳性	阴性	中性	阳性	阴性	中性
主格	longus	longa	longum	longi	longae	longa
受格	longum	longam	longum	longos	longas	longa
所有格	longi	longae	longi	longorum	longarum	longorum
与格	longo	longae	longo	longis	longis	longis
夺格	longo	longa	longo	longis	longis	longis

表3-20　类群B形容词(二尾形容词)变格法举例：短的brevis (adj. B)

格	单数		复数	
	阳性和阴性	中性	阳性和阴性	中性
主格	brevis	breve	breves	brevia
受格	brevem	breve	breves	brevia
所有格	brevis	brevis	brevium	brevium
与格	brevi	brevi	brevibus	brevibus
夺格	brevi	brevi	brevibus	brevibus

表3-21　类群B形容词(一尾形容词)变格法举例：单的simplex (adj. B)

格	单数		复数	
	阳性和阴性	中性	阳性和阴性	中性
主格	simplex	simplex	simplices	simplicia
受格	simplicem	simplex	simplices	simplicia
所有格	simplicis	simplicis	simplicium	simplicium
与格	simplici	simplici	simplicibus	simplicibus
夺格	simplici	simplici	simplicibus	simplicibus

表3-22　类群C形容词(一尾形容词)变格法举例：苔藓形的bryoides (adj. C)

格	单数		复数	
	阳性和阴性	中性	阳性和阴性	中性
主格	bryoides	bryoides	bryoides	bryoida
受格	bryoidem	bryoides	bryoides	bryoida
所有格	bryoidis	bryoidis	bryoidum	bryoidum
与格	bryoidi	bryoidi	bryoidibus	bryoidibus
夺格	bryoide	bryoide	bryoidibus	bryoidibus

表3-23　形容词比较级变格法举例：较长的longior (adj. comparative degree)

格	单数		复数	
	阳性和阴性	中性	阳性和阴性	中性
主格	longior	longius	longiores	longiora
受格	longiorem	longius	longiores	longiora
所有格	longioris	longioris	longiorum	longiorum
与格	longiori	longiori	longioribus	longioribus
夺格	longiore	longiore	longioribus	longioribus

表3-24　形容词最高级变格法举例：最长的longissimus (adj. superlative degree)

格	单数			复数		
	阳性	阴性	中性	阳性	阴性	中性
主格	longissimus	longissima	longissimum	longissimi	longissimae	longissima
受格	longissimum	longissimam	longissimum	longissimos	longissimas	longissima
所有格	longissimi	longissimae	longissimi	longissimorum	longissimarum	longissimorum
与格	longissimo	longissimae	longissimo	longissimis	longissimis	longissimis
夺格	longissimo	longissima	longissimo	longissimis	longissimis	longissimis

例如，高榕*Ficus altissima* Bl.、板栗*Castanea mollissima* Bl.和灯笼花*Leucas mollissima* Wall. 等的种加词均用形容词最高级。高榕*Ficus altissima* Bl.的种加词是“最高”之意，非“高山”之意，故“高山榕”乃不妥之词。

三、副词

副词是用来修饰形容词或另外一个副词的，副词没有变格。

四、数词

数词有基数词(unus、duo、tres、quatuor、quinque、sex、septem、octo、novem、decem等)、序数词(primus、secundus或alter、tertius、quartus、quintus、sextus、septimus、octavus、nonus、decimus等)和分配数词三种。基数词中的unus、duo、tres是能变格的，如一朵花flos unus，具有一朵花flore uno，其余的基数词都保持原形不变，不管它们所形容的名词的性和格如何。序数词的变格法同基数词中的unus，如primus、secundus、tertius等。分配数词的变格法同第一、第二变格法的复数形容词。一般来说，写作时最好用阿拉伯数字。

五、介词

介词又称前置词，大多数要求用受格，如“folia infra medium latissima，sed ad basim in petiolum protracta”(叶在中部以下最宽，但向基部变狭成叶柄)中的infra (prep. + acc.在……下面)、ad (prep. + acc. 到、近于、在)、in (prep. + abl.和acc. 在、进入)是介词。

六、连接词

连接词是用来连接词、短语或句子的词，如et(和)、vel(或者)、sed(但是)、seu(或)、sive(或)、quod(因为)、ut(所以)、si(如果)、etsi(即使)、licet(虽然)等。

七、动词

在现代植物学拉丁文中，几乎不用动词。

第三节　植物学拉丁文句法

植物学拉丁文的句法主要用于特征集要和特征描述。特征集要(diagnosis)是区别植物新分类群的简要叙述。特征描述(description)是植物新分类群的特征展示。发表植物新分类群时，要求有特征集要和特征描述，或至少有特征集要，才满足合格发表的要求。举例如下。

美花唐松草*Thalictrum callianthum* W. T. Wang (王文采), sp. nov. [*Guihaia* 2013, 33(5): 583]

Species nova haec est affinis *T. delavayi* Franch., quod foliolis majoribus usque ad 3 cm longis 2-2.5 cm latis, sepalis minoribus usque ad 9(-12) mm longis, antheris oblongis, stylis ovariis multo brevioribus sub fructu apice haud hamatis, acheniis ad suturas dorsales ventralesque anguste alatis differt.

Perennil herbs. Stems ca. 1.5 m tall, glabrous, branched. Middle cauline leaves short petiolate, 3-4 ternately compound, glabrous; blades deltoid or triangular in outline, 16-18 cm long, 22-25 cm broad; leaflets numerous, thin papery, terminal leaflets broad-obovate, 7-10 mm long, 5-9 mm broad, 3-lobed, apex long apiculate, lateral leaflets obliquely ovate, obliquely quadrate or obliquely narrow-obovate, 4-9 mm long, 3-9 mm broad, 3-lobulate or undivided, apex acute; petioles ca. 5 cm long, base brown-vaginate. Terminal thyrse ca. 30 cm long, ca. 30-flowered, glabrous; bracts foliaceous, 2.5-7 cm long; pedicels slender, 2-4.5 cm long. Flower 2-3 cm in diam., beautiful; sepals 4(5), purple (according to the collectors), spreading, long elliptic or narrw-ovate, 11-16 mm long, 5-10 mm broad, glabrous, apex mucronate; stamens 22-28, 5-8.5 mm long, glabrous, filaments filiform, anthers yellow, narrow, linear, 1.5-2 mm long, apex apiculate; carpels 10-15, glabrous, ovaries green, elliptic, ca. 1 mm long, styles slender, dark-blue, ca. 1 mm long, stigmas yellow, narrow-linear, 0.8-1 mm long, basal stipes 0.5-0.8 mm long. Achenes flattened, sublunate, ca. 5 mm long, 1.5-2 mm broad, glabrous, on each side prominently and longitudinally 1-3-nerved, basal stipes ca. 1 mm long, persistent styles 2-2.2 mm long, apex hooked.

Tibet: Milin, Paiqu, Gega village, alt. 3400 m, in shrubbery, pl. 1.5 m tall, fls. purple, 2012-08-01, Y. Yang et al. 471 (holotype, PE).

毛果木莲*Manglietia hebecarpa* C. Y. Wu et Law (吴征镒和刘玉壶), sp. nov. [*Acta Phytotaxonomica Sinica* 1996, 34(1): 88]

Affinis *M. microtrichae* Law, quae foliis obovatis, 13-17 cm longis, 5-7 cm latis, subtus glaucis pubescentibus, carpellis matures breviter rostratis differt.

Arbor cire 30 m alta, trunco 40 cm diam., gemmis, ramulis juvenilibus, petiolis, foliis subtus, spathiformibus bracteis, gynoecis appresse flavido-pubescentibus. Folia coriacea, elliptica, 9-18 cm longa, 4-6 cm lata, apice breviter acuminata, basi cuneata, nervis lateralibus utrinsecus 9-15, nervulis dense reticulatis in sicco utrinque prominulis; petiolis 1-3.5 cm longis; cicatricibus 7-15 cm longis. Pedicelli 2-3 cm longi. Tepala 9, 3 exteriora obovata, 3.5-4.5 cm longa, interiora ovata vel anguste ovata. Stamina 8-12 mm longa, antheris 6-8 mm longis, connectivis ultra antherae loculos in appendicem brevem acutam productum, filamentis 1-2 mm longis. Gynoecium obovoideum, 2.5-3 cm longum, dense flavo-villosum, carpellis 30-80, 1-1.2 cm longis. Fructus apocarpus ovoideus, 6-10 cm longus, flavo-villosus, folliculis anguste ellipsoideis, longe rostratis, rostris 5-7 mm longis.

Yunnan: Pingbian Maweixiang, alt. 880 m, 1953-08-05, P. I. Mao 2842（holotypus, KUN）.

墨脱百合*Lilium modogense* S. Y. Liang (梁松筠), sp. nov. [*Acta Phytotaxonomica Sinica* 1985, 23(5): 392-393]

Affinis *L. paradoxo* Stearm, a quo floribus majoribus, flavis, perianthii segmentis ellipticis, 5-6 cm longis, 2-2.4 cm latis, basi leviter saccatis differt.

Bulbus parvus, subglobosus, c. 2.2 cm altus, 2.2 cm crassus; squamae lanceolatae, acutae vel acuminatae, 1.7-2.2 cm longae, 0.6 cm latae, purpureae. Caulis erectus, 35-50 cm altus, 5-8 mm diam., papillosus, basi radicans, e basi per 1-2 cm nudus, deinde cataphyllis 2-4, tum foliis 2-3 remotis, postremo in parte media et supera verticillis 5-8 foliatis saepe 4 inter se 2.5-5 cm distantibus vestitus. Folia verticillata, obovatolanceolata vel elliptica, 4.5-6 cm longa, 1.7-2.2 cm lata acuta yel acuminata basi cuneata. Pedicellus 4-6 cm longus, glaber. Flores 1-3, campanulati, flavi immaculati; perianthii segmenta elliptica, acuta, integra, 5-6 cm longa, 2-2.4 cm lata, ad basim per 6 mm atropurpurea, plana, ecristata, glabra. Stamina erecta; filamenta 1.5-2 cm longa, glabra; antherae oblongae, 1.3 cm longae, c. 2 mm latae. Ovarium cylindricum, 1.4 cm longum, 3 mm crassum; stylus 2.5 cm longus, glaber; stigma capitatum, c. 8 mm crassum.

Xizang: Medog, in abietetis, 1980-06-26, W. L. Chen no. 10625（Typus: PE）.

西藏青冈*Cyclobalanopsis xizangensis* Y. C. Hsu et H. W. Jen (徐永椿和任宪威), sp. nov. [*Acta Botanica Yunnanica* 1979, 1(1): 148]

Species affinis *C. thomsonianae*（A. DC.）Oerst. sed differt foliis longi-ellipticis, ad 8.5 cm latis, nervis lateralibus utrinsecus minus 13, glandibus apice conicis coronatis.

西藏: 青藏队74-4383号, 模式标本(Typus)存北京植物研究所标本室。

广南报春*Primula wangii* Chen et C. M. Hu (陈封怀和胡启明), sp. nov.（*Acta Botanica Austro Sinica* 1990, 6: 5）

Species affinis *P. kwangtungensi* W. W. Smith, sed foliis longiuscule petiolatis basi plerumque cordatis, calycibus fere ad medium fissis, capsula cylindrical calyce longiore differt.

Yunnan: Guangnan Xian, Yanzidong, on rocky hills, 1940-03-07, C. W. Wang et Y. Liu 87568（holotype, IBSC; isotype, KUN, PE）.

第四章　裸子植物分类

第一节　裸子植物的特征

裸子植物Gymnospermae是种子植物门Spermatophyta的一个亚门，是一个自然的类群，起源于古生代泥盆纪(距今3.95亿-3.45亿年)，历经数次地史变迁，类群不断演替，现存的类群不少是出现于新生代第三纪，又经过第四纪冰川时期保留繁衍至今。裸子植物现今仍广泛分布于世界各地，特别是在北半球，常构成大面积森林，是陆地生态系统中不可或缺的森林生态系统类型之一，也是人类社会的重要用材树种类群之一。

裸子植物的主要特征是与被子植物相比较得出的。其主要特征如下。①孢子体高度发达。全为木本种类，即木本或木质藤本。②胚珠裸露。无心皮，无子房，无(真正的)花，无果实。③孢子叶大多聚生成孢子叶球。小孢子叶(雄蕊)聚生成小孢子叶球(雄球花)，每个小孢子叶下面有小孢子囊；大孢子叶(雌蕊)聚生成大孢子叶球，每个大孢子叶(银杏称珠领、松柏类称珠鳞、买麻藤类称套被)上生有裸露的胚珠。④具有多胚现象，无双受精现象。常因一个雌配子体上的多个颈卵器的卵细胞同时受精而成多胚现象。⑤种子三代同堂。裸子植物的种子包含三个不同的世代：种皮来源于老一代的孢子体，胚乳来源于雌配子体，胚则来源于受精卵，属于新一代的孢子体。⑥配子体构造比蕨类植物的简单，但比被子植物的复杂，多数类群仍具有颈卵器构造。⑦木质部多数只有管胞而无导管，韧皮部只有筛胞而无筛管和伴胞。

第二节　裸子植物的分类

裸子植物现存的类群全世界有12科71属(郑万钧和傅立国，1978)800余种。中国原产10科约40属约300种。南洋杉科Araucariaceae和百岁兰科Welwitschiaceae中国不产，但南洋杉科有引种。现存裸子植物的分类，通常分为5纲，即苏铁纲Cycadopsida、银杏纲Ginkgopsida、松柏纲Coniferopsida、红豆杉纲Taxopsida和盖子植物纲Chlamydospermatopsida（买麻藤纲Gnetopsida）。分纲的原则或依据是在中生代侏罗纪(Jurassic)、白垩纪(Cretaceous)至新生代第三纪(Tertiary)已分化并繁衍至今的类群，无论其所含种类的多寡，均视为纲一级的分类等级。新近的分子系统学资料亦显示相似的分支。

裸子植物分纲检索表

1. 雌蕊和雄蕊均无假花被；胚珠无细长的珠被管，胚珠裸露或珠孔裸露；次生木质部无导管。
  2. 大孢子叶叶状，胚珠生于大孢子叶两侧；营养叶一至三回羽状；精子具多鞭毛……………………………………一、苏铁纲Cycadopsida
  2. 大孢子叶非叶状(而是鳞片状、盾状、杯状、囊状、盘状或漏斗状，或二叉状)；营养叶非羽状(而是扇形、条形、针形、鳞形)。
    3. 大孢子叶具长梗，梗端分二叉，叉顶具珠座，珠座上具珠领和1枚直立胚珠；叶扇形；落叶乔木；种子核果状；成熟精子具鞭毛……………………二、银杏纲Ginkgopsida
    3. 大孢子叶分珠鳞和苞鳞，胚珠生于珠鳞腹面基部(松柏类)；或大孢子叶呈囊状或杯状套被(罗汉松类)；或大孢子叶呈盘状或漏斗状的珠托(红豆杉类)；或大孢子叶呈囊状的珠托(三尖杉类)；叶条形、针形、鳞形；常绿或落叶，乔木或灌木。
      4. 孢子叶聚成孢子叶球(球果状)；大孢子叶分珠鳞(在成熟球果中称种鳞)和苞鳞；种子有翅或无翅；叶针形、鳞形、条形……………………三、松柏纲Coniferopsida
      4. 孢子叶不呈球果状；大孢子叶呈囊状或杯状的套被(罗汉松类)，或呈盘状、漏斗状的珠托(红豆杉类)，或呈囊状的珠托(三尖杉类)；种子核果状，全部包于肉质假种皮中(罗汉松类、三尖杉类、榧树类、穗花杉类)，或种子坚果状，生于杯状肉质假种皮中(红豆杉类)或生于非肉质假种皮中(陆均松类)；种子无翅；叶条形……………四、红豆杉纲Taxopsida
1. 球花具有苞片，雌蕊和雄蕊均具有假花被；种子具有由假花被发育而成的假种皮；胚珠具有延长成珠被管的珠被，从假花被顶端伸出；成熟雌球果圆形或长圆形穗状；次生木质部有导管……………………五、盖子植物纲Chlamydospermatopsida(买麻藤纲Gnetopsida)

一、苏铁纲 Cycadopsida

苏铁纲分为3科10属，即苏铁科Cycadaceae（含*Cycas* 1属）、托叶苏铁科Stangeriaceae（含*Stangeria* 1属）和泽米苏铁科Zamiaceae（含*Lepidozamia*、*Macrozamia*、*Encephalartos*、*Dioon*、*Microcycas*、*Ceratozamia*、*Zamia*、*Bowenia* 8属）。中国仅有苏铁科Cycadaceae 1科。

1. 苏铁科 Cycadaceae

常绿木本。茎干粗壮，少分枝。叶分营养叶和鳞叶，集生茎干顶部。营养叶大，一至三回羽状；鳞叶小，密被褐色毡毛。雌雄异株；小孢子叶扁平，鳞状或盾状，螺旋状排列，其离轴面生有多数小孢子囊，小孢子具多数纤毛，能游动；大孢子叶叶状，其两侧生有胚珠。种子核果状，具三层种皮，胚乳丰富。苏铁科植物起源古老，在古生代石炭纪已出现，至中生代三叠纪和侏罗纪最繁盛，现存苏铁属*Cycas* 1属约50种，中国约有30种。例如，篦齿苏铁*Cycas pectinata* Hamilton.(图1-3)、暹罗苏铁*Cycas siamensis* Miquel(图4-5)、长叶苏铁*Cycas dolichophylla* K. D. Hill, T. H. Nguyen et P. K. Loc(图6-7)、苏铁*Cycas revoluta* Thunb.(图8-9)、攀枝花苏铁*Cycas panzhihuaensis* L. Zhou et S. Y. Yang(图10-11)、华南苏铁*Cycas rumphii* Miq.(图12)、贵州苏铁*Cycas guizhouensis* K. M. Lan et R. F. Zou(图13)、元江苏铁*Cycas parvula* S. L. Yang ex D. Y. Wang(图14-15)、绿春苏铁*Cycas tanqingii* D. Y. Wang(图16-17)、越南篦齿苏铁*Cycas elonga* (Leandri) D. Y. Wang(图18)、海南苏铁*Cycas hainanensis* C. J. Chen(图19-20)、

多歧苏铁*Cycas multipinnata* C. J. Chen et S. Y. Yang（图21）和德保苏铁*Cycas debaoensis* Y. C. Zhong et C. J. Chen（图22-23）等。

图 1　篦齿苏铁 *Cycas pectinata* Hamilton.

图 2　篦齿苏铁 *Cycas pectinata* Hamilton.

图 3　篦齿苏铁 *Cycas pectinata* Hamilton.

图 4　暹罗苏铁 *Cycas siamensis* Miquel

图 5　暹罗苏铁 *Cycas siamensis* Miquel

图 6　长叶苏铁 *Cycas dolichophylla* K. D. Hill, T. H. Nguyen et P. K. Loc

图 7　长叶苏铁 *Cycas dolichophylla* K. D. Hill, T. H. Nguyen et P. K. Loc

图 8　苏铁 *Cycas revoluta* Thunb.

图 9　苏铁 *Cycas revoluta* Thunb.

图 10　攀枝花苏铁 *Cycas panzhihuaensis* L. Zhou et S. Y. Yang

图 11　攀枝花苏铁 *Cycas panzhihuaensis* L. Zhou et S. Y. Yang

图 12　华南苏铁 *Cycas rumphii* Miq.

图 13　贵州苏铁 *Cycas guizhouensis* K. M. Lan et R. F. Zou

图 14　元江苏铁 *Cycas parvula* S. L. Yang ex D. Y. Wang

图 15　元江苏铁 *Cycas parvula* S. L. Yang ex D. Y. Wang

图 16　绿春苏铁 *Cycas tanqingii* D. Y. Wang

图 17　绿春苏铁 *Cycas tanqingii* D. Y. Wang

图 18　越南篦齿苏铁 *Cycas elonga*（Leandri）D. Y. Wang

图 19　海南苏铁 *Cycas hainanensis* C. J. Chen

图 20　海南苏铁 *Cycas hainanensis* C. J. Chen

图 21　多歧苏铁 *Cycas multipinnata* C. J. Chen et S. Y. Yang

图 22　德保苏铁 *Cycas debaoensis* Y. C. Zhong et C. J. Chen

图 23　德保苏铁 *Cycas debaoensis* Y. C. Zhong et C. J. Chen

二、银杏纲 Ginkgopsida

银杏纲仅有银杏科Ginkgoaceae 1科，银杏属*Ginkgo* 1属，银杏1种。此类仅含1个属的科称为单型科，仅含1个种的属称为单型属。银杏属于单型科单型属植物。银杏因起源古老，其同地质时代的物种多已变成化石，而银杏被称为活化石。活化石银杏又因为它属于分类上的孤立类群而称为孑遗植物。

2. 银杏科 Ginkgoaceae

落叶高大乔木。叶为扇形，具长柄，有多数叉状并列细脉。雌雄异株；雄球花呈下垂的柔荑花序，雄蕊多数，花粉萌发时产生2 个有纤毛能游动的精子；雌花具长梗，梗端常分两叉，叉顶具珠座，每珠座生1 枚直立胚珠。种子核果状，具三层种皮，外种皮肉质，中种皮骨质，内种皮膜质，胚乳丰富。银杏科植物属于中国特有分布，我国的名胜古迹旁多有栽培，在浙江天目山和贵州等地还保留有野生种群，属于重要的野生种质资源。例如，银杏*Ginkgo biloba* L.（图24-25）。

图 24　银杏 *Ginkgo biloba* L.

图 25　银杏 *Ginkgo biloba* L.

三、松柏纲 Coniferopsida

松柏纲含4科44属近500种。这4科分别是南洋杉科Araucariaceae、松科Pinaceae、杉科Taxodiaceae和柏科Cupressaceae。

3. 南洋杉科 Araucariaceae

常绿高大乔木。叶锥形、鳞形或披针形。多数雌雄异株；雄球花圆柱形；雌球花椭圆形或球形，螺旋状排列的苞鳞组成，苞鳞的近轴面有种鳞（大孢子叶），苞鳞与种鳞合生。种子扁平，有翅或无翅。南洋杉科植物主要分布于南半球，有2属约40种。中国引种。例如，南洋杉*Araucaria cunninghamii* Sweet（图26）和大叶南洋杉*Araucaria bidwillii* Hook.（图27）等。

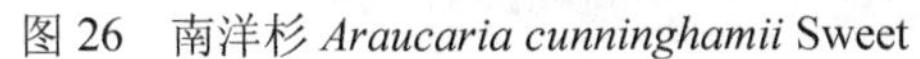

图 26 南洋杉 *Araucaria cunninghamii* Sweet

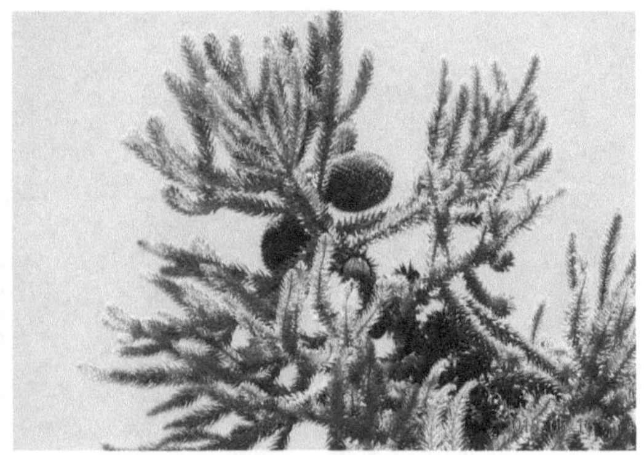

图 27 大叶南洋杉 *Araucaria bidwillii* Hook.

4. 松科 Pinaceae

常绿或落叶乔木，稀灌木，有树脂。叶针形或条形；针形叶常2-5 针一束，基部包有叶鞘，着生于极度退化的短枝顶端；条形叶扁平，稀呈四棱形，在长枝上螺旋状散生，在短枝上呈簇生状。雌雄同株，雌雄球花均呈球果状；花粉有气囊或无；雌球花由种鳞和苞鳞组成木质化的球果，种鳞和苞鳞离生。球果直立或下垂，1-3年成熟。种子通常具翅，稀无翅。松科植物有10属230余种，全球广泛分布，但以北半球的类群最多。我国有10属120余种。例如，雪松*Cedrus deodara*（Roxb.）G. Don（图28）、西藏冷杉*Abies spectabilis*（D. Don）Spach（图29）、长苞冷杉*Abies georgei* Orr（图30）、黄果冷杉*Abies salouenensis* Bord.-Rey et Gaussen（图31）、苍山冷杉*Abies delavayi* Franch.（图32）、中甸冷杉*Abies ferreana* Bordéres-Rey et Gaussen（图33）、银杉*Cathaya argyrophylla* Chun et Kuang（图34-35）、油杉*Keteleeria fortunei*（Murr.）Carr.（图36）、云南油杉*Keteleeria evelyniana* Mast.（图37）、旱地油杉*Keteleeria xerophila* Hsueh et S. H. Huo（图38）、铁坚油杉*Keteleeria davidiana*（Bertr.）Beissn.（图39）、大果青杆*Picea neoveitchii* Mast.（图40）、丽江云杉*Picea likiangensis*（Franch.）Pritz.（图41）、油麦吊云杉*Picea complanata* Mast.（图42）、华北落叶松*Larix principis-rupprechtii* Mayr.（图43）、大果红杉*Larix potaninii* Batalin var. *macrocarpa* Law（图44）、金钱松*Pseudolarix amabilis*（Nelson）Rehd.（图45）、华山松*Pinus armandii* Franch.（图46）、乔松*Pinus griffithii* McClelland（图47）、高山松*Pinus densata* Mast.（图48）、云南松*Pinus yunnanensis* Franch.（图49-50）、思茅松*Pinus kesiya* Royle ex Gordon var. *langbianensis*（A. Chev.）Gaussen（图51）、西藏长叶松*Pinus roxburghii* Sarg.（图52）、油松*Pinus tabulaeformis* Carr.（图53）、马尾松*Pinus massoniana* Lamb.（图54）、黄山松*Pinus taiwanensis* Mast.（图55）、海南松*Pinus fenzeliana* Hand.-Mazz.（图56）、华南五针松*Pinus kwangtungensis* Chun ex Tsiang（图57）、欧洲赤松*Pinus sylvestris* L.（图58）、白皮松*Pinus bungeana* Zucc. ex Endl.（图59）、巧家五针松*Pinus squamata* X. W. Li（图60）、湿地松*Pinus elliottii* Engelm.（图61）、南方铁杉*Tsuga tchekiangensis* Flous（图62-63）、云南铁杉*Tsuga dumosa*（D. Don）Eichler（图64-65）、华东黄杉*Pseudotsuga gaussenii* Flous（图66）、黄杉*Pseudotsuga sinensis* Dode（图67）和澜沧黄杉*Pseudotsuga forrestii* Craib（图68）等。

图 28　雪松 *Cedrus deodara*（Roxb.）G. Don

图 29　西藏冷杉 *Abies spectabilis*（D. Don）Spach

图 30　长苞冷杉 *Abies georgei* Orr

图 31　黄果冷杉 *Abies salouenensis* Bord.-Rey et Gaussen

图 32　苍山冷杉 *Abies delavayi* Franch.

图 33　中甸冷杉 *Abies ferreana* Bordéres-Rey et Gaussen

图 34　银杉 *Cathaya argyrophylla* Chun et Kuang

图 35　银杉 *Cathaya argyrophylla* Chun et Kuang

图 36　油杉 *Keteleeria fortunei*（Murr.）Carr.

图 37　云南油杉 *Keteleeria evelyniana* Mast.

图 38　旱地油杉 *Keteleeria xerophila* Hsueh et S. H. Huo

图 39　铁坚油杉 *Keteleeria davidiana*（Bertr.）Beissn.

图 40　大果青杆 *Picea neoveitchii* Mast.

图 41　丽江云杉 *Picea likiangensis*（Franch.）Pritz.

图 42　油麦吊云杉 *Picea complanata* Mast.

图 43　华北落叶松 *Larix principis-rupprechtii* Mayr.

图 44　大果红杉 *Larix potaninii* Batalin var. *macrocarpa* Law

图 45　金钱松 *Pseudolarix amabilis*（Nelson）Rehd.

图 46　华山松 *Pinus armandii* Franch.

图 47　乔松 *Pinus griffithii* McClelland

图 48　高山松 *Pinus densata* Mast.

图 49　云南松 *Pinus yunnanensis* Franch.

图 50　云南松 *Pinus yunnanensis* Franch.

图 51　思茅松 *Pinus kesiya* Royle ex Gordon var. *langbianensis*（A. Chev.）Gaussen

图 52　西藏长叶松 *Pinus roxburghii* Sarg.

图 53　油松 *Pinus tabulaeformis* Carr.

图 54　马尾松 *Pinus massoniana* Lamb.

图 55　黄山松 *Pinus taiwanensis* Mast.

图 56　海南松 *Pinus fenzeliana* Hand.-Mazz.

图 57　华南五针松 *Pinus kwangtungensis* Chun ex Tsiang

图 58　欧洲赤松 *Pinus sylvestris* L.

图 59　白皮松 *Pinus bungeana* Zucc. ex Endl.

图 60　巧家五针松 *Pinus squamata* X. W. Li

图 61　湿地松 *Pinus elliottii* Engelm.

图 62　南方铁杉 *Tsuga tchekiangensis* Flous

图 63　南方铁杉 *Tsuga tchekiangensis* Flous

图 64　云南铁杉 *Tsuga dumosa*（D. Don）Eichler

图 65　云南铁杉 *Tsuga dumosa*（D. Don）Eichler

图 66　华东黄杉 *Pseudotsuga gaussenii* Flous

图 67　黄杉 *Pseudotsuga sinensis* Dode

图 68　澜沧黄杉 *Pseudotsuga forrestii* Craib

5. 杉科 Taxodiaceae

常绿或落叶乔木。叶披针形、钻形、鳞状或条形，螺旋状排列。雌雄同株；雄球花单生或簇生枝顶，或排成圆锥花序状，或生叶腋，花粉无气囊；雌球花顶生，种鳞与苞鳞半合生(仅顶端分离)或完全合生，或种鳞甚小(杉木属)，或苞鳞退化(台湾杉属)。球果当年成熟，种鳞(或苞鳞)扁平或盾形。种子扁平或三棱形，常具翅。杉科植物全世界有10属16种。我国原产5属7种。例如，杉木*Cunninghamia lanceolata* (Lamb.) Hook.(图69-70)、柳杉*Cryptomeria fortunei* Hooibrenk ex Otto et Dietr.(图71)、秃杉*Taiwania flousiana* Gaussen.(图72-73)、台湾杉*Taiwania cryptomerioides* Hayata(图74)、水松*Glyptostrobus pensilis* (Staunt.) Koch(图75-76)、水杉*Metasequoia glyptostroboides* Hu et Cheng(图77)、池杉*Taxodium ascendens* Brongn.(图78)和落羽杉*Taxodium distichum* (L.) Rich.(图79)等。

图 69　杉木 *Cunninghamia lanceolata* (Lamb.) Hook.

图 70　杉木 *Cunninghamia lanceolata* (Lamb.) Hook.

图 71　柳杉 *Cryptomeria fortunei* Hooibrenk ex Otto et Dietr.

图 72　秃杉 *Taiwania flousiana* Gaussen.

图 73　秃杉 *Taiwania flousiana* Gaussen.

图 74　台湾杉 *Taiwania cryptomerioides* Hayata

图 75　水松 *Glyptostrobus pensilis*（Staunt.）Koch

图 76　水松 *Glyptostrobus pensilis*（Staunt.）Koch

图 77　水杉 *Metasequoia glyptostroboides* Hu et Cheng

图 78　池杉 *Taxodium ascendens* Brongn.

图 79　落羽杉 *Taxodium distichum*（L.）Rich.

6. 柏科 Cupressaceae

常绿乔木或灌木。叶鳞形或刺形，或同一植株上兼有两型，交叉对生或3-4 片轮生。雌雄同株或异株；雄球花的雄蕊对生，花粉无气囊；雌球花的苞鳞与种鳞合生。球果圆球形、卵圆形或圆柱形，种鳞扁平或盾形，木质或肉质合生呈浆果状。种子有翅或无翅。柏科植物有22 属约150 种，全球广布。我国原产8 属30余种，全国广布。例如，翠柏*Calocedrus macrolepis* Kurz（图80-81）、巨柏*Cupressus gigantea* Cheng et L. K. Fu（图82）、干香柏*Cupressus duclouxiana* Hickel（图83-84）、柏木*Cupressus funebris* Endl.（图85）、藏柏*Cupressus torulosa* D. Don（图86）、墨西哥柏*Cupressus lusitanica* Mill.（图87）、福建柏*Fokienia hodginsii*（Dunn）Henry et Thomas（图88）、侧柏*Platycladus orientalis*（L.）Franch.（图89）、千头柏*Platycladus orientalis*（L.）Franch. cv. 'Sieboldii'（图90）、圆柏*Sabina chinensis*（L.）Ant.（图91）、龙柏*Sabina chinensis*（L.）Ant. cv. 'Kaizuca'（图92）、高山柏*Sabina squamata*（Buch.-Hamilt.）Ant.（图93）、滇藏方枝柏*Sabina wallichiana*（Hook. f. et Thoms.）Kom.（图94）和刺柏*Juniperus formosana* Hayata（图95）等。

图 80　翠柏 *Calocedrus macrolepis* Kurz

图 81　翠柏 *Calocedrus macrolepis* Kurz

图 82　巨柏 *Cupressus gigantea* Cheng et L. K. Fu

图 83　干香柏 *Cupressus duclouxiana* Hickel

图 84　干香柏 *Cupressus duclouxiana* Hickel

图 85　柏木 *Cupressus funebris* Endl.

图 86　藏柏 *Cupressus torulosa* D. Don

图 87　墨西哥柏 *Cupressus lusitanica* Mill.

图 88　福建柏 *Fokienia hodginsii*（Dunn）Henry et Thomas

图 89　侧柏 *Platycladus orientalis*（L.）Franch.

图 90　千头柏 *Platycladus orientalis*（L.）Franch. cv. ‘Sieboldii’

图 91　圆柏 *Sabina chinensis*（L.）Ant.

图 92　龙柏 *Sabina chinensis*（L.）Ant. cv. ‘Kaizuca’

图 93　高山柏 *Sabina squamata*（Buch.-Hamilt.）Ant.

图 94 滇藏方枝柏 *Sabina wallichiana* (Hook. f. et Thoms.) Kom.

图 95 刺柏 *Juniperus formosana* Hayata

四、红豆杉纲 Taxopsida

红豆杉纲分为3科，即罗汉松科Podocarpaceae、三尖杉科Cephalotaxaceae和红豆杉科Taxaceae。

7. 罗汉松科 Podocarpaceae

常绿乔木或灌木。叶条形、披针形、钻形、鳞形等，螺旋状散生、近对生或交叉对生。雌雄异株，稀同株；雄球花顶生或腋生，多数花粉有气囊；雌球花腋生或顶生，胚珠由套被所包围，套被之外为数枚苞片(大孢子叶)，花后套被发育成假种皮，苞片与轴愈合发育成肉质种托。种子核果状或坚果状，全部或部分为假种皮所包裹。罗汉松科植物有8 属130 余种，主要分布于南半球。我国产2 属14种。例如，大理罗汉松*Podocarpus forrestii* Craib et W. W. Smith(图96)、罗汉松*Podocarpus macrophyllus* (Thunb.) D. Don(图97)、短叶罗汉松*Podocarpus brevifolius* (Stapf) Foxw(图98)、百日青*Podocarpus neriifolius* D. Don(图99)、鸡毛松*Podocarpus imbricatus* Blume(图100)、竹柏*Podocarpus nagi* (Thunb.) Zoll. et Mor. ex Zoll.(图101)、长叶竹柏*Podocarpus fleuryi* Hickel(图102)、陆均松*Dacrydium pierrei* Hickel(图103)等。

图 96 大理罗汉松 *Podocarpus forrestii* Craib et W. W. Smith

图 97 罗汉松 *Podocarpus macrophyllus* (Thunb.) D. Don

图 98　短叶罗汉松 *Podocarpus brevifolius* (Stapf) Foxw

图 99　百日青 *Podocarpus neriifolius* D. Don

图 100　鸡毛松 *Podocarpus imbricatus* Blume

图 101　竹柏 *Podocarpus nagi* (Thunb.) Zoll. et Mor. ex Zoll.

图 102　长叶竹柏 *Podocarpus fleuryi* Hickel

图 103　陆均松 *Dacrydium pierrei* Hickel

8. 三尖杉科 Cephalotaxaceae

常绿乔木或灌木。小枝基部具宿存芽鳞。叶条形或披针形，在侧枝上基部扭转排列成两列，上面中脉隆起，下面有两条宽气孔带。雌雄异株，稀同株；雄球花聚生成头状花序，单生叶腋，花粉无气囊；雌球花生于小枝基部，花梗上部的花轴上具数对苞片，每一苞片的腋部有两枚直立胚珠。种子核果状，全部包于由珠托发育成的肉质假种皮中。三尖杉科植物为亚洲特有科，1属9种，主要分布于我国。例如，三尖杉*Cephalotaxus fortunei* Hook. f.（图104）、贡山三尖杉*Cephalotaxus griffithii* Hook.（图105）、篦齿三尖杉*Cephalotaxus oliveri* Mast.（图106）和版纳粗榧*Cephalotaxus mannii* Hook. f.（图107）等。

图 104　三尖杉 *Cephalotaxus fortunei* Hook. f.

图 105　贡山三尖杉 *Cephalotaxus griffithii* Hook.

图 106　篦齿三尖杉 *Cephalotaxus oliveri* Mast.

图 107　版纳粗榧 *Cephalotaxus mannii* Hook. f.

9. 红豆杉科 Taxaceae

常绿乔木或灌木。叶条形或披针形，螺旋状排列或交叉对生，上面中脉常不明显，下面有气孔带。雌雄异株，稀同株；雄球花单生叶腋或苞腋，或组成穗状花序集生于枝顶，花粉无气囊；雌球花单生或成对生于叶腋或苞片腋部。种子核果状，有肉质假种皮；或种子坚果状，生于杯状肉质假种皮中。红豆杉科植物有5属20余种，除*Austrotaxus*产南半球外，其余均产北半球。我国有4 属13 种。例如，云南穗花杉*Amentotaxus yunnanensis* Li（图108-109）、红豆杉*Taxus chinensis*（Pilger）Rehd.（图110）、南方红豆杉*Taxus mairei*（Lemée et Lévl.）S. Y. Hu ex Liu（图111）、西藏红豆杉*Taxus wallichiana* Zucc.（图112）、欧洲红豆杉*Taxus baccata* L.（图113）、榧树*Torreya grandis* Fort（图114）、巴山榧树*Torreya fargesii* Franch.（图115）和云南榧树*Torreya yunnanensis* Cheng et L. K. Fu（图116）等。

图 108　云南穗花杉 *Amentotaxus yunnanensis* Li

图 109　云南穗花杉 *Amentotaxus yunnanensis* Li

图 110　红豆杉 *Taxus chinensis*（Pilger）Rehd.

图 111　南方红豆杉 *Taxus mairei*（Lemée et Lévl.）S. Y. Hu ex Liu

图 112　西藏红豆杉 *Taxus wallichiana* Zucc.

图 113　欧洲红豆杉 *Taxus baccata* L.

图 114 榧树 *Torreya grandis* Fort

图 115 巴山榧树 *Torreya fargesii* Franch.

图 116 云南榧树 *Torreya yunnanensis* Cheng et L. K. Fu

五、盖子植物纲 Chlamydospermatopsida（买麻藤纲 Gnetopsida）

盖子植物纲分3科，即麻黄科Ephedraceae、买麻藤科Gnetaceae和百岁兰科Welwitschiaceae。

10. 麻黄科 Ephedraceae

灌木或亚灌木。茎直立或匍匐，分枝多，具节和节间。叶退化成膜质，在节上交叉对生或轮生，或2-3 片合生成鞘状。雌雄异株，稀同株；雄球花单生或数个丛生，或呈穗状花序，雄花具膜质假花被；雌球花具多数苞片，仅顶端1-3 苞片生有雌花，雌花具顶端开口的囊状假花被，包于胚珠之外；胚珠具一层膜质珠被，珠被上部延长成珠被管，自假花被管口伸出；假花被发育成革质假种皮。雌球花的苞片熟时肉质多汁，可食，俗称“麻黄果”。麻黄科植物仅1 属，约40 种，分布于北半球干旱、荒漠地区。我国有10余种。例如，麻黄*Ephedra sinica* Stapf（图117）和丽江麻黄*Ephedra likiangensis* Florin（图118）等。

图 117　麻黄 *Ephedra sinica* Stapf

图 118　丽江麻黄 *Ephedra likiangensis* Florin

11. 买麻藤科 Gnetaceae

大型木质藤本，稀为直立灌木。茎节的上下两节接合部呈膨大关节状。单叶对生，叶片阔叶状，极似双子叶植物。雌雄异株，稀同株；雄球花穗单生或数穗组成顶生或腋生聚伞花序；雄花具杯状肉质假花被；雌球花伸长成穗状，具多轮合生环状总苞(由多数轮生苞片愈合而成)，雌球花穗单生或数穗组成聚伞圆锥花序，通常侧生于老枝上；雌花的假花被囊状，紧包于胚珠之外，胚珠具两层珠被，内珠被的顶端延长成珠被管，自假花被顶端开口伸出，外珠被分化为肉质外层与骨质内层，肉质外层与假花被合生并发育成假种皮。种子核果状，包于肉质假种皮中。买麻藤科植物仅1属，30 余种，分布于泛热带地区。我国有1属7种。例如，小叶买麻藤*Gnetum parvifolium* (Warb.) C. Y. Cheng (图119) 和买麻藤*Gnetum montanum* Markgr. (图120) 等。

图 119　小叶买麻藤 *Gnetum parvifolium* (Warb.) C. Y. Cheng

图 120　买麻藤 *Gnetum montanum* Markgr.

第五章　被子植物分类

第一节　被子植物的特征

被子植物Angiospermae是种子植物门Spermatophyta的另一个亚门，是高等植物进化程度最高和数量最庞大的类群。被子植物起源于中生代。化石证据显示被子植物起源于中生代的白垩纪（Cretaceous）中期（距今约1.2亿年）。推测的被子植物起源时间可上溯到中生代的侏罗纪（Jurassic）早期（距今约1.8亿年）。

被子植物的主要特征是与裸子植物相比较得出的，其主要特征如下。①被子植物具有真正的花和真正的果。真正的花包括花托、花萼、花冠、雄蕊和雌蕊。而雌蕊又包括子房、花柱和柱头。子房由心皮构成，将胚珠包裹在其中，故名被子植物。子房还发育成果实，故被子植物才有果实。果实对种子具有保护作用和散布作用，对动物多样性也起到协同进化的作用。被子植物因其具有真正的花而又称为显花植物或有花植物（anthophyta）。又因雌蕊是花的最重要标志，被子植物又被称为雌蕊植物。②被子植物孢子体高度分化，配子体高度简化，已无颈卵器构造。乔木、灌木、草本、藤本，一年生、二年生、多年生，千姿百态。被子植物的雌配子体称为胚囊，仅有7个细胞8个核，即1个卵细胞、2个助细胞、3个反足细胞、1个核细胞（内含2个核）。被子植物的雄配子体成熟时仅有3个细胞，即1个花粉管细胞、2个精子细胞。③被子植物具有双受精作用。即被子植物在受精过程中，1个精子与卵细胞结合发育成胚，另1个精子与极核细胞结合发育成胚乳。由于双受精作用产生的胚乳是三倍体，保证胚的营养供应，使后代的生命力更强，适应环境的能力提升。④被子植物适应能力强。土生、附生、旱生、水生、阴生、阳生，均有之。故被子植物的分布比裸子植物更广泛，从平地到高山，从赤道到两极，从沙漠到海洋，到处都有其踪迹。⑤被子植物营养方式和传粉方式均多样。营养方式有自养、半寄生、全寄生、腐生、共生、食虫等。传粉方式有风媒、水媒、虫媒等。动物世界，特别是昆虫世界，与被子植物协同进化出繁多的类群。⑥次生木质部有导管，韧皮部有筛管和伴胞。被子植物发达的导管和纵横交错的网脉，极大地提高了输导能力，因而也极大地提高了被子植物的适应能力。

第二节　被子植物分类系统简介

被子植物类群繁多，其系统排列旨在反映类群间的自然系统演化关系。时至今日，尽管已能用分子系统学等证据来证明生命之树，但经典的植物分类学仍依据恩格勒系统和哈钦松系统等的排列顺序。中国科学院植物研究所国家植物标本馆(PE)是采用恩格勒系统排列，相应的专著有《中国高等植物图鉴》《中国植物志》等。而中国科学院昆明植物研究所标本馆(KUN)则采用哈钦松系统排列，相应的专著有《云南种子植物名录》等。

恩格勒系统的理论基础是假花学说，认为被子植物的一朵花是来源于裸子植物的一个花序。因此，在被子植物中，柔荑花序类被认为是最原始的。故双子叶植物纲离瓣花亚纲从木麻黄科Casuarinaceae开始，至伞形科Umbelliferae结束；合瓣花亚纲从岩梅科Diapensiaceae开始，至菊科Compositae结束。单子叶植物纲从泽泻科Alismataceae开始，至兰科Orchidaceae结束。

哈钦松系统的理论基础是真花学说，认为被子植物的一朵花是来源于裸子植物的一朵花。因此，在被子植物中，木兰科等多心皮类被认为是最原始的。故双子叶植物纲离瓣花亚纲从木兰科Magnoliaceae开始，至伞形科Umbelliferae结束；合瓣花亚纲从桤叶木科Clethraceae开始，至唇形科Labiatae结束。单子叶植物纲从花蔺科Butomaceae开始，至禾本科Gramineae结束。

除此之外，被子植物分类系统还有许多，如塔赫他间(A. L. Takhtajan)系统(1954-1987)、克朗奎斯特(A. Cronquist)系统(1958-1981)、达格瑞(R. Dahlgren)系统(1980)、胡先骕系统(1951)、张宏达系统(1986)等。

本教材采用哈钦松系统排列。

第三节　被子植物的分类

一、双子叶植物纲 Dicotyledonopsida

(一) 离瓣花亚纲Polypetalae

1. 木兰科 Magnoliaceae

乔木或灌木。单叶互生；托叶包围幼芽，脱落之后在枝上留有托叶痕。花两性；花萼、花冠不分化，统称花被；雄蕊多数，心皮多数，螺旋排列于由花托延长而形成的中轴上。蓇葖果。木兰科有约15属，250种，分布于亚洲和美洲。例如，玉兰*Magnolia denudata* Desr. et Lamk.(图121)、紫玉兰*Magnolia liliiflora* Desr. et Lamk.(图122)、山玉兰*Magnolia delavayi* Franch.(图123)、荷花玉兰*Magnolia grandiflora* L.(图124)、西康玉兰*Magnolia wilsonii* (Finet et Gagnep.) Rehd.(图125)、天女花*Magnolia sieboldii* K. Koch(图126)、滇藏木兰*Magnolia campbellii* Hook. f. et Thomson(图127)、厚朴*Magnolia officinalis* Rehd. et Wils.(图128)、显脉木兰*Magnolia phanerophlebia* B. L. Chen(图129)、大叶木兰*Magnolia henryi* Dunn(图130)、合果木*Paramichelia baillonii* (Pierre) Hu(图131)、鹅掌楸*Liriodendron chinense* (Hemsl.) Sarg.(图132)、单性木兰

Kmeria septentrionalis Dandy（图133）、云南拟单性木兰*Parakmeria yunnanensis* Hu（图134）、红花木莲*Manglietia insignis*（Wall.）Bl.（图135）、大果木莲*Manglietia grandis* Hu et Cheng（图136）、大叶木莲*Manglietia megaphylla* Hu et Cheng（图137）、华盖木*Manglietiastrum sinicum* Law（图138-139）、长蕊木兰*Alcimandra cathcartii*（Hook. f. et Thoms.）Dandy（图140）、白缅桂*Michelia alba* DC.（图141）、黄缅桂*Michelia champaca* L.（图142）、多花含笑*Michelia floribunda* Finet et Gagnep.（图143）、马关含笑*Michelia opipara* Chang B. L. Chen（图144）、云南含笑*Michelia yunnanensis* Franch. ex Finet et Gagnep.（图145）和观光木*Tsoongiodendron odorum* Chun（图146）等。

图 121　玉兰 *Magnolia denudata* Desr. et Lamk.

图 122　紫玉兰 *Magnolia liliiflora* Desr. et Lamk.

图 123　山玉兰 *Magnolia delavayi* Franch.

图 124　荷花玉兰 *Magnolia grandiflora* L.

图 125　西康玉兰 *Magnolia wilsonii* (Finet et Gagnep.) Rehd.

图 126　天女花 *Magnolia sieboldii* K. Koch

图 127　滇藏木兰 *Magnolia campbellii* Hook. f. et Thomson

图 128　厚朴 *Magnolia officinalis* Rehd. et Wils.

图 129　显脉木兰 *Magnolia phanerophlebia* B. L. Chen

图 130　大叶木兰 *Magnolia henryi* Dunn

图 131　合果木 *Paramichelia baillonii* (Pierre) Hu

图 132　鹅掌楸 *Liriodendron chinense* (Hemsl.) Sarg.

图 133 单性木兰 *Kmeria septentrionalis* Dandy

图 134　云南拟单性木兰 *Parakmeria yunnanensis* Hu

图 135　红花木莲 *Manglietia insignis* (Wall.) Bl.

图 136　大果木莲 *Manglietia grandis* Hu et Cheng

图 137　大叶木莲 *Manglietia megaphylla* Hu et Cheng

图 138　华盖木 *Manglietiastrum sinicum* Law

图 139　华盖木 *Manglietiastrum sinicum* Law

图 140　长蕊木兰 *Alcimandra cathcartii* （Hook. f. et Thoms.）Dandy

图 141　白缅桂 *Michelia alba* DC.

图 142　黄缅桂 *Michelia champaca* L.

图 143　多花含笑 *Michelia floribunda* Finet et Gagnep.

图 144　马关含笑 *Michelia opipara* Chang B. L. Chen

图 145　云南含笑 *Michelia yunnanensis* Franch. ex Finet et Gagnep.

图 146　观光木 *Tsoongiodendron odorum* Chun

2. 八角科 Illiciaceae

小乔木或灌木。单叶互生；无托叶。花两性；花被无花萼、花冠之分，但最外的最小，有时苞片状；雄蕊多数；心皮轮状排列于隆起的花托上。轮状蓇葖果。八角科仅有1属，50余种，东亚和北美间断分布。例如，八角*Illicium verum* Hook. f.(图147)和野八角*Illicium simonsii* Maxim.(图148)等。

图 147　八角 *Illicium verum* Hook. f.

图 148　野八角 *Illicium simonsii* Maxim.

3. 五味子科 Schisandraceae

藤本。单叶互生；无托叶。花单性；花被不分化，但最外和最内者均较小；雄蕊合生成肉质的雄蕊柱；心皮多达300枚，分离，花时聚生于短的花托上。肉质浆果，球果状或穗状（由一朵花的花托延长而成，非花序）。五味子科仅有2属，约50种，分布于亚洲和美洲。例如，五味子*Schisandra chinensis*（Turcz.）Baill.（图149）、黄龙藤*Schisandra propinqua*（Wall.）Baill.（图150）和冷饭团*Kadsura coccinea*（Lem.）A. C. Smith（图151）等。

图 149　五味子 *Schisandra chinensis*（Turcz.）Baill.

图 150　黄龙藤 *Schisandra propinqua*（Wall.）Baill.

图 151　冷饭团 *Kadsura coccinea*（Lem.）A. C. Smith

4. 领春木科 Eupteleaceae

落叶灌木或小乔木。单叶互生，叶柄基部近鞘状并包裹幼芽。花两性，先叶开放；无花被；雄蕊多数；心皮多数，每心皮单独形成一翅果，故一朵花形成聚合翅果。领春木科仅有1属2种，东亚特有分布。例如，领春木*Euptelea pleiosperma* Hook. f. et Thoms.（图152）。

图 152　领春木 *Euptelea pleiosperma* Hook. f. et Thoms.

5. 水青树科 Tetracentraceae

落叶乔木。单叶互生，基部浅心形，掌状脉。穗状花序；花两性；雄蕊4；心皮4。蓇果。水青树科为单型科，即仅有1属1种，东亚特有分布。例如，水青树*Tetracentron sinense* Oliv.（图153-154）。

图 153 水青树 *Tetracentron sinense* Oliv.

图 154 水青树 *Tetracentron sinense* Oliv.

6. 连香树科 Cercidiphyllaceae

落叶乔木。单叶对生，掌状脉。花单性异株，无花被；雄蕊多数；心皮4-6，每心皮单独形成一蓇果，故一朵花形成聚合蓇果。种子有翅。连香树科为单型科，仅有1种，东亚特有分布。例如，连香树*Cercidiphyllum japonicum* Sieb. et Zucc. var. *sinense* Rehd. et Wils.（图155）。

图 155 连香树 *Cercidiphyllum japonicum* Sieb. et Zucc. var. *sinense* Rehd. et Wils.

7. 番荔枝科 Annonaceae

乔木，直立灌木或攀援状灌木。单叶互生。花两性，稀单性；花被已分化为花萼和花冠，花萼3，花瓣6；雄蕊多数；心皮1至多数，多数离生，少数合生成肉质的聚合浆果。种子通常具假种皮。番荔枝科有100余属2000余种，泛热带分布。例如，老人皮*Polyalthia cerasoides*（Roxb.）Benth. et Hook. f. ex Bedd.（图156）、番荔枝*Annona squamosa* L.（图157）、刺果番荔枝*Annona muricata* L.（图158）、依兰*Cananga odorata* Hook. f. et Thoms.（图159）和蕉木*Chieniodendron hainanense*（Merr.）Tsiang et P. T. Li（图160）等。

图 156　老人皮 *Polyalthia cerasoides*（Roxb.）Benth. et Hook. f. ex Bedd.

图 157　番荔枝 *Annona squamosa* L.

图 158　刺果番荔枝 *Annona muricata* L.

图 159　依兰 *Cananga odorata* Hook. f. et Thoms.

图 160　蕉木 *Chieniodendron hainanense*（Merr.）Tsiang et P. T. Li

8. 樟科 Lauraceae

乔木或灌木。单叶互生，羽状脉，三出脉或离基三出脉；无托叶。花两性或单性辐射对称；花被通常3基数，呈萼片状，排成2轮，大小相等或外轮较小；雄蕊着生在花被筒的喉部，花药2-4室，瓣裂；子房上位，1室，1胚珠。浆果状核果，果梗有时肉质。樟科有40余属2000余种，分布于亚洲和美洲，是亚热带森林的常见树种。例如，月桂*Laurus nobilis* L.（图161）、鳄梨*Persea americana* Mill.（图162）、檫木*Sassafras tzumu*（Hemsl.）Hemsl.（图163）、樟*Cinnamomum camphora*（L.）Presl（图164）、云南樟*Cinnamomum glanduliferum*（Wall.）Nees（图165）、肉桂*Cinnamomum cassia* Presl（图166-167）、阴香*Cinnamomum burmannii*（C. G. et Th. Nees）Bl.（图168）、黄樟*Cinnamomum parthenoxylum*（Jack）Nees（图169）、香叶树*Lindera communis* Hemsl.（图170）、木姜子*Litsea cubeba*（Lour.）Pers.（图171）、清香木姜子*Litsea euosma* W. W. Smith（图172）、滇润楠*Machilus yunnanensis* Lecomte（图173）、长梗润楠*Machilus longipedicellata* Lecomte（图174）和楠木*Phoebe nanmu*（Oliv.）Gamble（图175-176）等。

图 161　月桂 *Laurus nobilis* L.

图 162　鳄梨 *Persea americana* Mill.

图 163　檫木 *Sassafras tzumu*（Hemsl.）Hemsl.

图 164　樟 *Cinnamomum camphora*（L.）Presl

图 165　云南樟 *Cinnamomum glanduliferum*（Wall.）Nees

图 166　肉桂 *Cinnamomum cassia* Presl

图 167　肉桂 *Cinnamomum cassia* Presl

图 168　阴香 *Cinnamomum burmannii*（C. G. et Th. Nees）Bl.

图 169　黄樟 *Cinnamomum parthenoxylum*（Jack）Nees

图 170　香叶树 *Lindera communis* Hemsl.

图 171　木姜子 *Litsea cubeba*（Lour.）Pers.

图 172　清香木姜子 *Litsea euosma* W. W. Smith

图 173　滇润楠 *Machilus yunnanensis* Lecomte

图 174　长梗润楠 *Machilus longipedicellata* Lecomte

图 175　楠木 *Phoebe nanmu*（Oliv.）Gamble

图 176　楠木 *Phoebe nanmu*（Oliv.）Gamble

9. 毛茛科 Ranunculaceae

草本、草质藤本或木质藤本。单叶或复叶，对生或互生。花两性或单性，辐射对称或左右对称；萼片通常5，花瓣缺，或3-5；雄蕊多数；心皮多数。多数为瘦果或蓇葖果，少数为浆果或蒴果。毛茛科有约50属2000种，世界分布，但北温带的类群最多。我国有40属700余种。例如，乌头*Aconitum carmichaeli* Debx.（图177）、昆明乌头*Aconitum vilmorinianum* Kom.（图178）、大火草*Anemone tomentosa*（Maxim.）Péi（图179）、美花唐松草*Thalictrum callianthum* W. T. Wang（图180）、铁线莲*Clematis lasiandra* Maxim.（图181）、威灵仙*Clematis chinensis* Osbeck（图182）、尾叶铁线莲*Clematis urophylla* Franch.（图183）、紫牡丹*Paeonia delavayi* Franch.（图184-185）、黄牡丹*Paeonia lutea* Delavay ex Franch.（图186-188）、牡丹*Paeonia suffruticosa* Andrews（图189）、芍药*Paeonia lactiflora* Pall.（图190）和黄连*Coptis chinensis* Franch.（图191）等。

图 177　乌头 *Aconitum carmichaeli* Debx.

图 178　昆明乌头 *Aconitum vilmorinianum* Kom.

图 179　大火草 *Anemone tomentosa*（Maxim.）Péi

图 180　美花唐松草 *Thalictrum callianthum* W. T. Wang

图 181　铁线莲 *Clematis lasiandra* Maxim.

图 182　威灵仙 *Clematis chinensis* Osbeck

图 183　尾叶铁线莲 *Clematis urophylla* Franch.

图 184　紫牡丹 *Paeonia delavayi* Franch.

图 185　紫牡丹 *Paeonia delavayi* Franch.

图 186　黄牡丹 *Paeonia lutea* Delavay ex Franch.

图 187　黄牡丹 *Paeonia lutea* Delavay ex Franch.

图 188　黄牡丹 *Paeonia lutea* Delavay ex Franch.

图 189　牡丹 *Paeonia suffruticosa* Andrews

图 190　芍药 *Paeonia lactiflora* Pall.

图 191　黄连 *Coptis chinensis* Franch.

10. 睡莲科 Nymphaeaceae

多年生水生草本。根状茎埋藏地下。单叶，盾状或心形，漂浮水面或挺水。花两性，辐射对称；萼片通常4，或无花萼、花瓣之分；雄蕊多数；心皮2至多数，分离或合生，或藏于海绵质的花托内。每心皮形成1坚果。睡莲科有8属100余种，广泛引种于世界各地。例如，莲藕*Nelumbo nucifera* Gaertn.（图192-194）、王莲*Victoria amazonica*（Popp.）Sowerby（图195）、白睡莲*Nymphaea alba* L.（图196）、齿叶白睡莲*Nymphaea lotus* L.（图197）、齿叶红睡莲*Nymphaea pubescens* Willd.（图198）、香睡莲*Nymphaea odorata* Ait（图199）和蓝睡莲*Nymphaea capensis* Thunb.（图200）等。

图 192　莲藕 *Nelumbo nucifera* Gaertn.

图 193　莲藕 *Nelumbo nucifera* Gaertn.

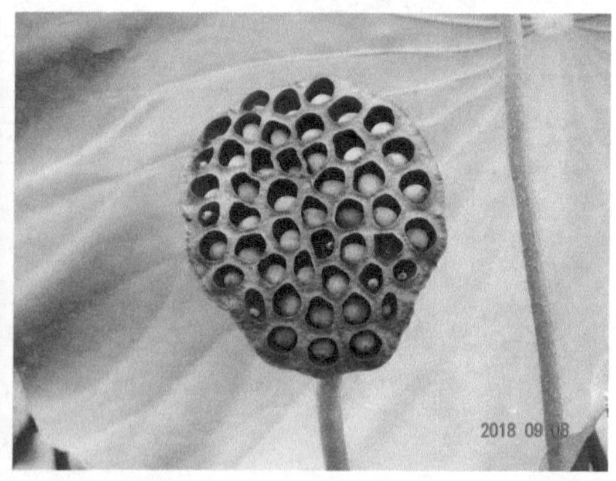

图 194　莲藕 *Nelumbo nucifera* Gaertn.

图 195　王莲 *Victoria amazonica*（Popp.）Sowerby

图 196　白睡莲 *Nymphaea alba* L.

图 197　齿叶白睡莲 *Nymphaea lotus* L.

图 198　齿叶红睡莲 *Nymphaea pubescens* Willd.

图 199　香睡莲 *Nymphaea odorata* Ait

图 200　蓝睡莲 *Nymphaea capensis* Thunb.

11. 小檗科 Berberidaceae

灌木或草本。叶互生，单叶或复叶。花两性，辐射对称；萼片和花瓣2至多列；雄蕊与花瓣同数；子房上位，1室；胚珠多数。浆果或蒴果。小檗科有10余属600余种，广布于北温带。例如，三颗针*Berberis pruinosa* Franch.（图201）、金花小檗*Berberis wilsonae* Hemsl.（图202）、昆明十大功劳*Mahonia duclouxiana* Gagnep.（图203）、桃儿七*Sinopodophyllum emodi* (Wall.) Ying（图204-205）、川八角莲*Dysosma veitchii* (Hemsl. et Wils.) Fu（图206）和南天竹*Nandina domestica* Thunb.（图207）等。

图 201　三颗针 *Berberis pruinosa* Franch.

图 202　金花小檗 *Berberis wilsonae* Hemsl.

图 203　昆明十大功劳 *Mahonia duclouxiana* Gagnep.

图 204　桃儿七 *Sinopodophyllum emodi* (Wall.) Ying

图 205　桃儿七 *Sinopodophyllum emodi* (Wall.) Ying

图 206　川八角莲 *Dysosma veitchii* (Hemsl. et Wils.) Fu

图 207　南天竹 *Nandina domestica* Thunb.

12. 木通科 Lardizabalaceae

木质藤本或灌木。叶互生，掌状复叶或羽状复叶。总状花序；花单性，辐射对称；萼片6，花瓣状；花瓣6，较小；雄蕊6；心皮3，子房上位。浆果或蓇葖果。木通科有7属，约50种，分布于东亚和南美。我国有5属，约40种。例如，八月瓜 *Holboellia fargesii* Reaub.（图208-209）、串果藤*Sinofranchetia chinensis*（Franch.）Hemsl.（图210-211）和猫儿屎*Decaisnea fargesii* Franch.（图212）等。

图 208　八月瓜 *Holboellia fargesii* Reaub.

图 209　八月瓜 *Holboellia fargesii* Reaub.

图 210　串果藤 *Sinofranchetia chinensis* (Franch.) Hemsl.

图 211　串果藤 *Sinofranchetia chinensis* (Franch.) Hemsl.

图 212　猫儿屎 *Decaisnea fargesii* Franch.

13. 防己科 Menispermaceae

木质或草质藤本。单叶互生。聚散花序或圆锥花序；花单性，雌雄异株；萼片和花瓣轮生；雄蕊2-8；心皮3-6，子房上位，1室。核果。防己科有60余属约350种，泛热带分布。我国有20属约60种。例如，藤枣*Eleutharrhena macrocarpa*（Diels）Forman（图213-215）、大黄藤*Fibraurea recisa* Pierre（图216）、夜花藤*Hypserpa nitida* Miers（图217）、大叶藤*Tinomiscium tonkinense* Gagnep.（图218）、中华青牛胆*Tinospora sinensis*（Lour.）Merr.（图219）、苍白秤钩枫*Diploclisia glaucescens*（Bl.）Diels（图220）和山乌龟 *Stephania cepharantha* Hayata（图221）等。

图 213　藤枣 *Eleutharrhena macrocarpa*（Diels）Forman

图 214　藤枣 *Eleutharrhena macrocarpa*（Diels）Forman

图 215　藤枣 *Eleutharrhena macrocarpa*（Diels）Forman

图 216　大黄藤 *Fibraurea recisa* Pierre

图 217　夜花藤 *Hypserpa nitida* Miers

图 218　大叶藤 *Tinomiscium tonkinense* Gagnep.

图 219　中华青牛胆 *Tinospora sinensis* (Lour.) Merr.

图 220　苍白秤钩枫 *Diploclisia glaucescens* (Bl.) Diels

图 221　山乌龟 *Stephania cepharantha* Hayata

14. 马兜铃科 Aristolochiaceae

草本或草质藤本。单叶互生。花两性，辐射对称或两侧对称；单被花，花瓣状或管状；雄蕊6至多数；子房下位或半下位，4-6室，中轴胎座。蒴果。马兜铃科有7属300余种，泛热带分布，南美尤盛。我国有4属60余种。例如，巨花马兜铃*Aristolochia gigantean* Mart. et Zucc.（图222）、花脸细辛*Asarum maximum* Hemsl.（图223）和土细辛*Asarum caudigerum* Hance（图224）等。

图 222　巨花马兜铃 *Aristolochia gigantean* Mart. et Zucc.

图 223 花脸细辛 *Asarum maximum* Hemsl.

图 224 土细辛 *Asarum caudigerum* Hance

15. 胡椒科 Piperaceae

草本、灌木或攀援藤本。多数单叶互生。穗状花序；花单性或两性，辐射对称；无花被，但有小苞片；雄蕊1-10；子房上位，1室。浆果。胡椒科有9属3000余种，泛热带分布。我国有4属40余种。例如，胡椒*Piper nigrum* L.（图225）等。

图 225 胡椒 *Piper nigrum* L.

16. 罂粟科 Papaveraceae

草本。单叶互生，全缘或分裂。花两性，辐射对称；单花顶生或组成花序；萼片2-3，早落；花瓣4-6；雄蕊多数；雌蕊多数，心皮合生成1子房，子房上位，柱头短或无，侧膜胎座。蒴果，瓣裂或顶孔开裂。罂粟科有20余属300余种，主要分布于北温带和亚热带高山。我国有10余属约60种。例如，虞美人*Papaver rhoeas* L.（图226）、罂粟*Papaver somniferum* L.（图227-228）、荷包牡丹*Dicentra spectabilis*（L.）Lem.（图229）、总状绿绒蒿*Meconopsis racemosa* Maxim.（图230）、多刺绿绒蒿*Meconopsis horridula* Hook. f. Thoms.（图231）、蓟罂粟*Argemone mexicana* L.（图232）和博落回*Macleaya cordata*（Willd.）R. Br.（图233）等。

图 226 虞美人 *Papaver rhoeas* L.

图 227 罂粟 *Papaver somniferum* L.

图 228　罂粟 *Papaver somniferum* L.

图 229　荷包牡丹 *Dicentra spectabilis*（L.）Lem.

图 230　总状绿绒蒿 *Meconopsis racemosa* Maxim.

图 231　多刺绿绒蒿 *Meconopsis horridula* Hook. f. Thoms.

图 232　蓟罂粟 *Argemone mexicana* L.

图 233　博落回 *Macleaya cordata*（Willd.）R. Br.

17. 白花菜科 Capparidaceae

草本、灌木或木质攀援藤本。单叶或掌状复叶。单花或总状花序；花常两性，辐射对称或左右对称；萼片4-8；花瓣4-8；雄蕊4至多数；子房上位，有柄。蒴果或浆果。白花菜科有30余属600余种，泛热带分布。我国有5属约40种。例如，醉蝶花*Cleome spinosa* L.（图234）、猫胡子花*Capparis bodinieri* Levl.（图235）、文山山柑*Capparis fengii* B. S. Sun（图236）、马槟榔*Capparis masaikai* Lévl.（图237）和树头菜*Crateva unilocularis* Buch.-Ham.（图238）等。

图 234　醉蝶花 *Cleome spinosa* L.

图 235　猫胡子花 *Capparis bodinieri* Levl.

图 236　文山山柑 *Capparis fengii* B. S. Sun

图 237　马槟榔 *Capparis masaikai* Lévl.

图 238　树头菜 *Crateva unilocularis* Buch.-Ham.

18. 辣木科 Moringaceae

落叶乔木。叶互生，二至三回羽状复叶；小叶全缘。腋生圆锥花序；花白色或红色，两性，左右对称；花萼杯状，5裂，裂片不等大；花瓣5，亦不等大；发育雄蕊5，退化雄蕊亦5；子房上位，有柄，1室，胚珠多数，生于3个侧膜胎座上。长蒴果。辣木科为单型科，仅有辣木属*Moringa* Adans. 1属12种，原产非洲和南亚。中国有引种。例如，辣木*Moringa oleifera* Lam.（图239）和象腿树*Moringa drouhardii* Jumelle（图240）等。

图 239　辣木 *Moringa oleifera* Lam.

图 240　象腿树 *Moringa drouhardii* Jumelle

19. 十字花科 Cruciferae（Brassicaceae）

一年生或多年生草本。单叶或复叶。总状花序；花两性；萼片4；花瓣4；雄蕊6，四强（内轮4个长）；子房上位，2心皮联合，子房被假隔膜分隔成1-2室。长角果或短角果。十字花科有300余属3000余种，广布于全世界，但主产北温带。我国有约100属，约400种。例如，萝卜*Raphanus sativus* L.（图241）、苦菜*Brassica integrifolia*（Willd.）Rupr.（图242）、油菜*Brassica campestris* L. var. *oleifera* DC.（图243）、莲花白*Brassica oleracea* L. var. *capitata* L.（图244）、蔓菁*Brassica rapa* L.（图245）、紫罗兰*Matthiola incana*（L.）R. Br. ex Aiton（图246）、玛咖*Lepidium meyenii* Walp.（图247）和高河菜*Megacarpaea delavayi* Franch.（图248）等。

图 241　萝卜 *Raphanus sativus* L.

图 242　苦菜 *Brassica integrifolia*（Willd.）Rupr.

图 243　油菜 *Brassica campestris* L. var. *oleifera* DC.

图 244　莲花白 *Brassica oleracea* L. var. *capitata* L.

图 245　蔓菁 *Brassica rapa* L.

图 246　紫罗兰 *Matthiola incana*（L.）R. Br. ex Aiton

图 247　玛咖 *Lepidium meyenii* Walp.

图 248　高河菜 *Megacarpaea delavayi* Franch.

20. 蓼科 Polygonaceae

草本、亚灌木或藤本。单叶互生，有膜质的托叶鞘包茎。花两性，花序多样；萼片2轮，花瓣状，宿存；雄蕊3-9；子房上位，1室，扁平或三棱形。瘦果双凸镜形或三棱形。蓼科有40余属800余种，主产北温带。我国有10余属200余种。例如，金荞麦*Fagopyrum cymosum*（Trev.）Meisn.（图249）、甜荞*Fagopyrum esculentum* Moench（图250）、苦荞*Fagopyrum tataricum*（L.）Gaertn.（图251）、何首乌*Polygonum multiflorum* Thunb.（图252）、虎杖*Polygonum cuspidatum* Sieb. et Zucc.（图253）、酸秆蓼*Polygonum malaicum* Danser（图254）、头花蓼*Polygonum capitatum* Buch.-Ham. ex D. Don（图255）、草血竭*Polygonum paleaceum* Wall. ex Hook. f.（图256）、肾叶山蓼*Oxyria digyna*（L.）Hill.（图257）和戟叶酸膜*Rumex hastatus* D. Don（图258）等。

图 249　金荞麦 *Fagopyrum cymosum*（Trev.）Meisn.

图 250　甜荞 *Fagopyrum esculentum* Moench

图 251　苦荞 *Fagopyrum tataricum*（L.）Gaertn.

图 252　何首乌 *Polygonum multiflorum* Thunb.

图 253　虎杖 *Polygonum cuspidatum* Sieb. et Zucc.

图 254　酸秆蓼 *Polygonum malaicum* Danser

图 255　头花蓼 *Polygonum capitatum* Buch.-Ham. ex D. Don

图 256　草血竭 *Polygonum paleaceum* Wall. ex Hook. f.

图 257　肾叶山蓼 *Oxyria digyna* (L.) Hill.

图 258　戟叶酸膜 *Rumex hastatus* D. Don

21. 商陆科 Phytolaccaceae

草本、灌木或乔木。单叶互生。总状花序或聚伞花序；花单性或两性，辐射对称；花被4-5裂，宿存；雄蕊4-5或更多；雌蕊1至多数，子房上位。浆果、蒴果或翅果。商陆科有12属约100种，主产热带美洲和南非。我国有2属5种。例如，商陆*Phytolacca acinosa* Roxb.（图259）等。

图 259　商陆 *Phytolacca acinosa* Roxb.

22. 苋科 Amaranthaceae

草本、攀援藤本或灌木。单叶互生或对生。聚伞花序或圆锥花序；花常两性；花被3-5裂，常干膜质；雄蕊1-5；子房上位，1室。果为盖裂的胞果或浆果或坚果。苋科有60余属800余种，世界分布。我国有10余属约40种。例如，尾穗苋*Amaranthus caudatus* L.（图260）、繁穗苋*Amaranthus paniculatus* L.（图261）、鸡冠花*Celosia cristata* L.（图262）和头花杯苋*Cyathula capitata* Moq.（图263）等。

图 260　尾穗苋 *Amaranthus caudatus* L.

图 261　繁穗苋 *Amaranthus paniculatus* L.

图 262　鸡冠花 *Celosia cristata* L.

图 263　头花杯苋 *Cyathula capitata* Moq.

23. 牻牛儿苗科 Geraniaceae

图 264 香叶天竺葵 *Pelargonium graveolens* L'Herit.

一年生或多年生草本。叶互生或对生，单叶或复叶；有托叶。花单生或排成伞形花序；花两性，辐射对称或略左右对称；花萼4-5，有时有距；花瓣5；雄蕊5，或为花瓣数目的2-3倍；子房上位，3-5室，每室具1-2胚珠，中轴胎座；花柱与子房室同数。干果，成熟时果瓣由基部向上掀起，顶部由花柱所连结。牻牛儿苗科有11属700余种，世界分布。我国有4属。例如，香料植物香叶天竺葵*Pelargonium graveolens* L' Herit.（图264）。

24. 凤仙花科 Balsaminaceae

图 265 凤仙花 *Impatiens balsamina* L.

肉质草本。单叶，互生或对生。花左右对称，两性；萼片3，其中最下的延长成管状的距；花瓣5，最上的1枚在外；雄蕊5；子房上位，5室，中轴胎座，胚珠多数。蒴果，弹裂为5个旋卷的果瓣。凤仙花科有4属500余种，世界广布。我国有2属100余种。例如，凤仙花*Impatiens balsamina* L.（图265）等。

25. 千屈菜科 Lythraceae

草本、灌木或乔木。单叶，全缘，多数对生。花单生或组成各式花序；花两性，通常辐射对称；花萼3-6裂，镊合状排列；花瓣与花萼同数，或无花瓣；雄蕊着生于花萼管上；子房上位，2-6室。千屈菜科有20余属500余种，主要分布于泛热带地区。我国有9属约50种。例如，紫薇*Lagerstroemia indica* L.（图266）、大叶紫薇*Lagerstroemia reginae* Roxb.（图267）、绒毛紫薇*Lagerstroemia tomentosa* Presl（图268-269）、副萼紫薇*Lagerstroemia calyculata* Kurz.（图270-272）和虾子花*Woodfordia fruticosa*（L.）Kurz（图273）等。

图 266 紫薇 *Lagerstroemia indica* L.

图 267　大叶紫薇 *Lagerstroemia reginae* Roxb.

图 268　绒毛紫薇 *Lagerstroemia tomentosa* Presl

图 269　绒毛紫薇 *Lagerstroemia tomentosa* Presl

图 270　副萼紫薇 *Lagerstroemia calyculata* Kurz.

图 271　副萼紫薇 *Lagerstroemia calyculata* Kurz.

图 272　副萼紫薇 *Lagerstroemia calyculata* Kurz.

图 273 虾子花 *Woodfordia fruticosa*（L.）Kurz

26. 海桑科 Sonneratiaceae

灌木或乔木。单叶对生，全缘。花单生或聚伞花序或伞房花序；花两性，辐射对称；花萼4-8裂，厚革质；花瓣与花萼同数，或无花瓣；雄蕊多数；子房上位，4至多室；花柱1，长而粗壮。蒴果或浆果。海桑科仅有2属8种，主要分布于热带亚洲和非洲。我国有2属4种。例如，八宝树*Duabanga grandiflora*（Roxb. ex DC.）Walp.（图274-275）等。

图 274 八宝树 *Duabanga grandiflora*（Roxb. ex DC.）Walp.

图 275 八宝树 *Duabanga grandiflora*（Roxb. ex DC.）Walp.

27. 安石榴科 Punicaceae

灌木或小乔木。枝条常有刺。单叶对生。花两性，辐射对称；花萼5-7裂，厚革质；花瓣与花萼同数，有皱纹；雄蕊多数；子房下位，多室，室上下叠，上室为侧膜胎座，下室为中轴胎座，胚珠多数。果实是球形的浆果，皮厚。种子有石细胞和多汁的外种皮。安石榴科仅有1属2种，分布于地中海地区和喜马拉雅地区。我国仅有石榴*Punica granatum* L.（图276-277）1种。

图 276　石榴 *Punica granatum* L.

图 277　石榴 *Punica granatum* L.

28. 瑞香科 Thymelaeaceae

乔木、灌木或草本。叶互生或对生，单叶，全缘；无托叶。花排成顶生或腋生的头状花序、伞形花序、总状花序或穗状花序，稀单生；花辐射对称，两性。花萼管状，似花瓣，4-5裂；花瓣缺；雄蕊常与花萼同数；子房上位，1室。果为浆果、核果或坚果。瑞香科有50属约500种，世界分布。我国有9属近100种。例如，青藏高原的造纸原料瑞香狼毒*Stellera chamaejasme* L.（图278-279）等。

图 278　瑞香狼毒 *Stellera chamaejasme* L.

图 279　瑞香狼毒 *Stellera chamaejasme* L.

29. 紫茉莉科 Nyctaginaceae

草本、灌木或乔木，或攀援状。单叶互生或对生，全缘。花序多种，但聚伞花序者居多；花多数两性，辐射对称，常具有由苞片组成的总苞；花萼花冠状，顶部3-5裂，宿存并将果实包围；无花瓣；雄蕊1至多数；子房上位，1室，有1胚珠；花柱1。瘦果，被宿存的花萼基部所包围。紫茉莉科有30属近300种，主要分布于热带美洲。我国有2属，引种的种类。例如，光叶子花*Bougainvillea glabra* Choisy（图280-281）等。

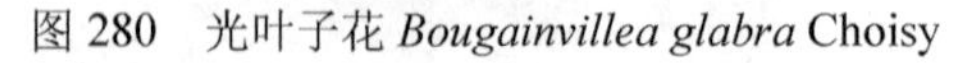
图 280　光叶子花 *Bougainvillea glabra* Choisy

图 281　光叶子花 *Bougainvillea glabra* Choisy

30. 山龙眼科 Proteaceae

灌木或乔木。叶互生，全缘或分裂。总状花序、头状花序、穗状花序或伞形花序；花两性，通常左右对称；花萼4，花瓣状；无花瓣；雄蕊4；子房1室，胚珠1至多数；花柱不分裂。坚果、核果、蒴果或蓇葖果。山龙眼科有60余属1000余种，大部分类群分布于大洋洲和南非，少数产亚洲和南美洲。我国有2属20余种。例如，母猪果*Helicia nilagirica* Bedd.（图282）、澳洲坚果*Macadamia ternifolia* F. Muell.（图283）、银桦*Grevillea robusta* A. Cunn.（图284）和帝王花*Protea cynaroides*（L.）L.（图285）等。

图 282　母猪果 *Helicia nilagirica* Bedd.

图 283　澳洲坚果 *Macadamia ternifolia* F. Muell.

图 284　银桦 *Grevillea robusta* A. Cunn.

图 285　帝王花 *Protea cynaroides*（L.）L.

31. 海桐科 Pittosporaceae

灌木或乔木。单叶互生。花单生或组成花序；花两性，辐射对称；花萼5；花瓣5；雄蕊5；子房上位，1室或多室，侧膜胎座或中轴胎座，胚珠多数。浆果或蒴果。种子多数，外被黏质果肉。海桐科有9属约200种，旧大陆热带分布。我国有1属30余种。例如，海桐*Pittosporum tobira*（Thunb.）Ait.（图286）和短萼海桐*Pittosporum brevicalyx*（Oliv.）Gagnep.（图287）等。

图 286　海桐 *Pittosporum tobira*（Thunb.）Ait.

图 287　短萼海桐 *Pittosporum brevicalyx*（Oliv.）Gagnep.

32. 红木科 Bixaceae

灌木或小乔木。单叶互生，心状卵形。顶生圆锥花序；花两性，辐射对称；花萼4-5；花瓣4-5；雄蕊多数；子房上位，1室或由于侧膜胎座突入中部而成假数室，胚珠多数。蒴果，外有刺。种子多数。红木科为单型属，约4种，热带美洲特有分布。我国引种红木*Bixa orellana* L.（图288）一种，供观赏或作为红色原料。

图 288　红木 *Bixa orellana* L.

33. 大风子科 Flacourtiaceae

灌木至乔木。单叶互生；托叶脱落。花单生叶腋，或为总状花序；花辐射对称，两性或单性；花萼2-15；花瓣与花萼同数，或更多，或缺；雄蕊多数；子房上位，1室。蒴果、浆果或核果。大风子科约80属500种，泛热带分布。我国有13属约30种。例如，山桐子*Idesia polycarpa* Maxim.（图289）、伊桐*Itoa orientalis* Hemsl.（图290）、山篱子*Flacourtia montana* Grah.（图291）、泰国大风子*Hydnocarpus anthelmintica* Pierre et Laness.（图292）和柞木*Xylosma congestum*（Lour.）Marr.（图293）等。

图 289　山桐子 *Idesia polycarpa* Maxim.

图 290　伊桐 *Itoa orientalis* Hemsl.

图 291　山篱子 *Flacourtia montana* Grah.

图 292　泰国大风子 *Hydnocarpus anthelmintica* Pierre et Laness.

图 293　柞木 *Xylosma congestum*（Lour.）Marr.

34. 柽柳科 Tamaricaceae

灌木或小乔木。叶互生，鳞片状。花单生或排成总状花序或圆锥花序；花辐射对称，两性；花萼和花瓣4-5；雄蕊4-10或更多；子房上位，1室；花柱3-5。蒴果。种子有毛或翅膀。柽柳科有5属100余种，温带地区广布，为荒漠常见植物。我国有4属约30种。例如，柽柳*Tamarix chinensis* Lour.(图294)和水柏枝*Myricaria germanica* (L.) Desv.(图295)等。

图 294　柽柳 *Tamarix chinensis* Lour.

图 295　水柏枝 *Myricaria germanica* (L.) Desv.

35. 西番莲科 Passifloraceae

草质或木质藤本，有卷须。单叶互生，叶缘常分裂；常有托叶。花单生或组成聚伞花序；花两性或单性，辐射对称；花萼3-5裂，基部管状；花瓣与萼片同数，或缺；具有副花冠，由1至数轮丝状的裂片组成；雄蕊3-5，花丝合生，与子房柄连接；子房上位，1室，侧膜胎座，胚珠多数。浆果或蒴果。西番莲科有12属约600种，泛热带分布，但南美洲的类群最多。我国原产2属近20种。例如，心叶西番莲*Passiflora eberhardtii* Gagn.(图296-297)、红花西番莲*Passiflora coccinea* Aubl.(图298)和西番莲*Passiflora caerulea* L.(图299)等。

图 296　心叶西番莲 *Passiflora eberhardtii* Gagn.

图 297　心叶西番莲 *Passiflora eberhardtii* Gagn.

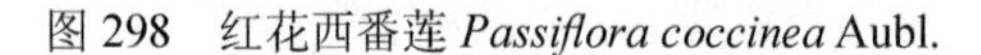

图 298　红花西番莲 *Passiflora coccinea* Aubl.

图 299　西番莲 *Passiflora caerulea* L.

36. 葫芦科 Cucurbitaceae

草质藤本，有卷须。单叶互生，叶缘常深裂。花单性同株或异株，辐射对称；子房下位；花萼管与子房合生，花萼5裂；花瓣合生，5裂；雄蕊5；侧膜胎座，胚珠多数。瓠果或浆果。葫芦科有100余属约700种，世界分布。多为引种栽培的蔬菜或药用。例如，南瓜*Cucurbita moschata*（Duch.）Poiret（图300-302）、冬瓜*Benincasa hispida*（Thunb.）Cogn.（图303）、黄瓜*Cucumis sativus* L.（图304-305）、葫芦*Lagenaria siceraria*（Molina）Standl.（图306-307）、丝瓜*Luffa cylindrica*（L.）Roem.（图308-309）、木鳖子*Momordica cochinchinensis*（Lour.）Spreng.（图310）、五角栝楼*Trichosanthes quinquangulata* A. Gray（图311）、绞股蓝*Gynostemma pentaphyllum*（Thunb.）Makino（图312）和佛手瓜*Sechium edule*（Jacq.）Swartz（图313）等。

图 300　南瓜 *Cucurbita moschata*（Duch.）Poiret

图 301　南瓜 *Cucurbita moschata*（Duch.）Poiret

图 302　南瓜 *Cucurbita moschata*（Duch.）Poiret

图 303　冬瓜 *Benincasa hispida*（Thunb.）Cogn.

图 304　黄瓜 *Cucumis sativus* L.

图 305　黄瓜 *Cucumis sativus* L.

图 306　葫芦 *Lagenaria siceraria*（Molina）Standl.

图 307　葫芦 *Lagenaria siceraria*（Molina）Standl.

图 308　丝瓜 *Luffa cylindrica*（L.）Roem.

图 309　丝瓜 *Luffa cylindrica*（L.）Roem.

图 310　木鳖子 *Momordica cochinchinensis*（Lour.）Spreng.

图 311　五角栝楼 *Trichosanthes quinquangulata* A. Gray

图 312　绞股蓝 *Gynostemma pentaphyllum*（Thunb.）Makino

图 313　佛手瓜 *Sechium edule*（Jacq.）Swartz

37. 四数木科 Tetramelaceae

落叶大乔木，具板根。单叶互生，心形。花单性，异株，叶前开放；雄花排成圆锥花序；雄花的花萼4裂，花瓣缺，雄蕊4；雌花排成总状花序；雌花的花萼4裂，花瓣缺，子房上位，1室，有胚珠多数。蒴果。种子扁平，微小。四数木科为单型科，仅有四数木*Tetrameles nudiflora* R. Br.（图314-316）1种，热带亚洲特有分布。

图 314　四数木 *Tetrameles nudiflora* R. Br.

图 315　四数木 *Tetrameles nudiflora* R. Br.

图 316　四数木 *Tetrameles nudiflora* R. Br.

38. 番木瓜科 Caricaceae

小乔木，通常不分枝。叶有长柄，聚生于茎顶；叶片常掌状分裂。花单性或两性，同株或异株；雄花通常排成下垂的总状花序或圆锥花序；雄花的花冠管细长，雄蕊10；雌花单生叶腋或数朵组成伞房花序；雌花的花瓣5，子房上位，1室，侧膜胎座，胚珠多数。果实为肉质浆果。番木瓜科有4属50余种，产热带美洲和非洲。我国引种番木瓜*Carica papaya* L.（图317-319）等。

图 317　番木瓜 *Carica papaya* L.

图 318　番木瓜 *Carica papaya* L.

图 319　番木瓜 *Carica papaya* L.

39. 仙人掌科 Cactaceae

肉质多浆植物。茎圆柱形、球形或扁平。叶退化呈刺状。花通常两性，辐射对称或左右对称；花被能区分为花萼和花冠，或花萼、花冠无分化；雄蕊多数；子房下位，侧膜胎座，胚珠多数。果实为肉质浆果。仙人掌科有150属约2000种，泛热带分布，但其分布中心在中美洲墨西哥。我国原产1属2种，现引种数种作观赏。例如，仙人掌*Opuntia dillenii*（Ker-Gawl.）Haw.（图320-321）、单刺仙人掌*Opuntia monacantha*（Willd.）Haw.（图322-323）、量天尺*Hylocereus undatus*（Haw.）Britt. et Rose（图324-325）和金刺仙人球*Echinocactus grusonii* Hildm.（图326）等。

图 320　仙人掌 *Opuntia dillenii*（Ker-Gawl.）Haw.

图 321　仙人掌 *Opuntia dillenii*（Ker-Gawl.）Haw.

图 322　单刺仙人掌 *Opuntia monacantha*（Willd.）Haw.

图 323　单刺仙人掌 *Opuntia monacantha* (Willd.) Haw.

图 324　量天尺 *Hylocereus undatus* (Haw.) Britt. et Rose

图 325　量天尺 *Hylocereus undatus* (Haw.) Britt. et Rose

图 326　金刺仙人球 *Echinocactus grusonii* Hildm.

40. 茶科 Theaceae

常绿乔木或灌木。单叶互生。花常两性，辐射对称，单生或聚生；花萼5-7；花瓣通常5；雄蕊极多数；子房上位，稀下位，2至多室；每室有胚珠2至多数。蒴果。茶科有30余属500余种，主要分布于热带、亚热带地区，为亚热带常绿阔叶林的主要树种之一。我国有14属近400种。例如，茶*Camellia sinensis*（L.）O. Ktze(图327)、普洱茶*Camellia assamica*（Mast.）Chang(图328)、红皮糙果茶*Camellia crapnelliana* Hutcher(图329)、猴子木*Camellia yunnanensis*（Pitard ex Diels）Coh. Stuart(图330)、滇山茶*Camellia reticulata* Lindl.(图331)、西南山茶*Camellia pitardii* Coh. Stuart(图332)、油茶*Camellia oleifera* Abel(图333)、蒙自连蕊茶*Camellia forrestii*（Diels）Coh. Stuart(图334)、尾叶山茶*Camellia caudata* Wall.(图335)、山茶*Camellia japonica* L.(图336)、茶梅*Camellia sasanqua* Thunb.(图337)、茶梨*Anneslea fragrans* Wall.(图338)、大头茶*Gordonia axillaris*（Roxb. ex Ker）Dietr.(图339)、舟柄茶*Hartia sinensis* Dunn(图340)、银木荷*Schima argentea* Pritz.(图341)、红木荷*Schima wallichii*（DC.）Korth.(图342)、毒

药树*Sladenia celastrifolia* Kurz（图343）、细枝柃*Eurya loquaiana* Dunn（图344）和厚皮香*Ternstroemia gymnanthera*（Wight et Arn.）Sprague（图345）等。

图 327　茶 *Camellia sinensis*（L.）O. Ktze

图 328　普洱茶 *Camellia assamica*（Mast.）Chang

图 329　红皮糙果茶 *Camellia crapnelliana* Hutcher

图 330　猴子木 *Camellia yunnanensis*（Pitard ex Diels）Coh. Stuart

图 331　滇山茶 *Camellia reticulata* Lindl.

图 332　西南山茶 *Camellia pitardii* Coh. Stuart

图 333　油茶 *Camellia oleifera* Abel

图 334　蒙自连蕊茶 *Camellia forrestii* (Diels) Coh. Stuart

图 335　尾叶山茶 *Camellia caudata* Wall.

图 336　山茶 *Camellia japonica* L.

图 337　茶梅 *Camellia sasanqua* Thunb.

图 338　茶梨 *Anneslea fragrans* Wall.

图 339 大头茶 *Gordonia axillaris* (Roxb. ex Ker) Dietr.

图 340 舟柄茶 *Hartia sinensis* Dunn

图 341 银木荷 *Schima argentea* Pritz.

图 342 红木荷 *Schima wallichii* (DC.) Korth.

图 343 毒药树 *Sladenia celastrifolia* Kurz

图 344 细枝柃 *Eurya loquaiana* Dunn

图 345　厚皮香 *Ternstroemia gymnanthera* (Wight et Arn.) Sprague

41. 猕猴桃科 Actinidiaceae

木质藤本。单叶互生。花聚生成腋生的聚伞花序；花两性或雌雄异株，辐射对称；花萼和花瓣均5数；雄蕊10或更多；雌蕊5至多数；子房上位，5至多室。浆果。猕猴桃科有2属80余种，主要分布于东亚。我国是该科植物的主要分布区，有2属约80种。例如，猕猴桃 *Actinidia chinensis* Planch.（图346）、黑蕊猕猴桃*Actinidia melanandra* Franch.（图347）和毛花猕猴桃*Actinidia eriantha* Benth.（图348）等。

图 346　猕猴桃 *Actinidia chinensis* Planch.

图 347　黑蕊猕猴桃 *Actinidia melanandra* Franch.

图 348　毛花猕猴桃 *Actinidia eriantha* Benth.

42. 龙脑香科 Dipterocarpaceae

高大乔木，常绿或落叶。单叶互生；有托叶及托叶痕。腋生的圆锥花序；花两性，辐射对称；花萼5裂，果时常扩大成翅状；花瓣5；雄蕊多数；子房上位，3室，每室有2胚珠。坚果包被于萼内，花萼的5裂片中，2个裂片以上果时常扩大成翅。龙脑香科有15属约600种，旧大陆热带分布。我国是亚洲热带北缘，有2属约10种。例如，北越龙脑香*Dipterocarpus retusus* Bl.（图349-350）、竭布罗香*Dipterocarpus turbinatus* Gaertn. f.（图351-352）、翼翅龙脑香*Dipterocarpus alatus* Roxb.（图353-354）、心叶龙脑香*Dipterocarpus tuberculatus* Roxb.（图355-356）、缠结龙脑香*Dipterocarpus intricatus* Dyer（图357）、盾叶龙脑香*Dipterocarpus obtusifolius* Teysm.（图358）、望天树*Parashorea chinensis* Wang Hsie（图359）、擎天树*Parashorea chinensis* Wang Hsie var. *kwangsiensis* Lin Chi（图360-361）和婆罗双树*Shorea assamica* Dyer（图362）等。

图 349　北越龙脑香 *Dipterocarpus retusus* Bl.

图 350　北越龙脑香 *Dipterocarpus retusus* Bl.

图 351　竭布罗香 *Dipterocarpus turbinatus* Gaertn. f.

图 352　竭布罗香 *Dipterocarpus turbinatus* Gaertn. f.

图 353　翼翅龙脑香 *Dipterocarpus alatus* Roxb.

图 354　翼翅龙脑香 *Dipterocarpus alatus* Roxb.

图 355　心叶龙脑香 *Dipterocarpus tuberculatus* Roxb.

图 356　心叶龙脑香 *Dipterocarpus tuberculatus* Roxb.

图 357　缠结龙脑香 *Dipterocarpus intricatus* Dyer

图 358　盾叶龙脑香 *Dipterocarpus obtusifolius* Teysm.

图 359 望天树 *Parashorea chinensis* Wang Hsie

图 360 擎天树 *Parashorea chinensis* Wang Hsie var. *kwangsiensis* Lin Chi

图 361 擎天树 *Parashorea chinensis* Wang Hsie var. *kwangsiensis* Lin Chi

图 362 婆罗双树 *Shorea assamica* Dyer

43. 桃金娘科 Myrtaceae

灌木或乔木。单叶对生。花两性，辐射对称；花萼4-5裂，宿存，萼管与子房合生；花瓣4-5；雄蕊多数，常成束生于花盘边缘；子房下位或半下位，心皮2至多数，子房1至多室，每室有胚珠1至多数，中轴胎座。浆果、核果、蒴果或坚果。桃金娘科有约100属约3000种，泛热带分布。我国有8属约90种。例如，兰桉*Eucalyptus globulus* Labill.(图363)、柠檬桉*Eucalyptus citriodora* Hook. f.(图364)、大叶桉*Eucalyptus robusta* Smith(图365)、番樱桃*Eugenia uniflora* L.(图366)、白千层*Melaleuca leucadendron* L.(图367)、红千层*Callistemon rigidus* R. Br.(图368)、番石榴*Psidium guajava* L.(图369)和莲雾*Syzygium samarangense* (Bl.) Merr. et Perry(图370)等。

图 363 兰桉 *Eucalyptus globulus* Labill.

图 364 柠檬桉 *Eucalyptus citriodora* Hook. f.

图 365 大叶桉 *Eucalyptus robusta* Smith

图 366 番樱桃 *Eugenia uniflora* L.

图 367 白千层 *Melaleuca leucadendron* L.

图 368 红千层 *Callistemon rigidus* R. Br.

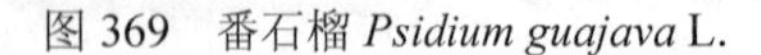

图 369　番石榴 *Psidium guajava* L.

图 370　莲雾 *Syzygium samarangense* (Bl.) Merr. et Perry

44. 玉蕊科 Lecythidaceae

灌木或乔木。单叶对生。穗状花序或总状花序；花两性，辐射对称或两侧对称；花萼3-4裂；花瓣4-5；雄蕊多数，花丝基部合生；子房下位，2-4室，每室有2-8胚珠。果木质或肉质，不开裂或盖裂，顶端具有宿存的花萼。玉蕊科有20余属400余种，泛热带分布。我国仅有1属3种。例如，梭果玉蕊*Barringtonia pendula*（Griff.）Kurz.（图371-372）、红花玉蕊*Barringtonia caccinea* Rostel（图373）和炮弹树*Couroupita guianensis* Aubl.（图374-376）等。

图 371　梭果玉蕊 *Barringtonia pendula* (Griff.) Kurz.

图 372　梭果玉蕊 *Barringtonia pendula* (Griff.) Kurz.

图 373　红花玉蕊 *Barringtonia caccinea* Rostel

图 374　炮弹树 *Couroupita guianensis* Aubl.

图 375　炮弹树 *Couroupita guianensis* Aubl.

图 376　炮弹树 *Couroupita guianensis* Aubl.

45. 使君子科 Combretaceae

木质藤本至高大乔木。单叶对生或互生。穗状花序、总状花序或头状花序；花两性，辐射对称；花萼4-5裂，萼管与子房合生；花瓣4-5或缺；雄蕊与萼片同数或为萼片数量的2倍；子房下位，1室。果实核果状，有翅或有纵棱。使君子科有15属约500种，泛热带分布。我国有5属20余种。例如，千果榄仁*Terminalia myriocarpa* Huerck et M.-A.（图377）、滇榄仁*Terminalia franchetii* Gagnep.（图378）、榄仁树*Terminalia catappa* L.（图379）、毗黎勒*Terminalia bellirica*（Gaertn.）Roxb.（图380）、石风车子*Combretum wallichii* DC.（图381）、四翅风车子*Combretum quadrangulare* Kurz.（图382）、榆绿木*Anogeissus acuminata*（Roxb. ex DC.）Guill. et Pers.（图383）和萼翅藤*Calycopteris floribunda*（Roxb.）Lam. ex Poir.（图384）等。

图 377　千果榄仁 *Terminalia myriocarpa* Huerck et M.-A.

图 378　滇榄仁 *Terminalia franchetii* Gagnep.

图 379　榄仁树 *Terminalia catappa* L.

图 380　毗黎勒 *Terminalia bellirica*（Gaertn.）Roxb.

图 381　石风车子 *Combretum wallichii* DC.

图 382　四翅风车子 *Combretum quadrangulare* Kurz.

图 383　榆绿木 *Anogeissus acuminata*（Roxb. ex DC.）Guill. et Pers.

图 384　萼翅藤 *Calycopteris floribunda*（Roxb.）Lam. ex Poir.

46. 金丝桃科 Hypericaceae

草本、灌木或小乔木。单叶对生或轮生。花单生或排成聚伞花序；花两性，辐射对称；花萼和花瓣均4-5；雄蕊多数，通常合生成束；子房上位，1-5室，中轴胎座。蒴果或浆果。金丝桃科有10属300余种，世界分布。我国有3属50余种。例如，芒种花*Hypericum uralum* Buch.-Ham. ex D. Don（图385）等。

图 385　芒种花 *Hypericum uralum* Buch.-Ham. ex D. Don

47. 藤黄科 Guttiferae（Clusiaceae）

灌木或乔木。单叶对生，稀轮生，羽状脉；有托叶或无托叶。花单生或排成聚伞花序；花两性，辐射对称；花萼和花瓣均2-6；雄蕊多数，花丝常分离；子房上位，2至多室，每室有胚珠1至多数。浆果或核果。藤黄科有40属约1000种，泛热带分布。我国有4属10余种。例如，铁力木*Mesua ferrea* L.（图386-387）、山橘子*Garcinia multiflora* Chamb. ex Benth.（图388）、金丝李*Garcinia paucinervis* Chun et How（图389）、黄牛木*Crataxylum cochinchinense*（Lour.）Bl.（图390）和苦丁茶*Cratoxylum formosum*（Jack）Dyer（图391）等。

图 386　铁力木 *Mesua ferrea* L.

图 387　铁力木 *Mesua ferrea* L.

图 388　山橘子 *Garcinia multiflora* Chamb. ex Benth.

图 389　金丝李 *Garcinia paucinervis* Chun et How

图 390　黄牛木 *Crataxylum cochinchinense* (Lour.) Bl.

图 391　苦丁茶 *Cratoxylum formosum* (Jack) Dyer

48. 椴树科 Tiliaceae

乔木或灌木，稀为草本。单叶互生，全缘或分裂；托叶小。聚伞花序或圆锥花序；花两性，稀为单性，辐射对称；花萼5，稀3或4；花瓣5，或更少，或缺；雄蕊多数，花丝分离或成束；子房上位，2-10室，每室有胚珠1至多数。蒴果、核果或浆果。椴树科有50属约500种，泛热带分布。我国有12属90余种。例如，华椴*Tilia chinensis* Maxim.（图392）、心叶椴*Tilia cordata* Mill.（图393）、蚬木*Burretiodendron tonkinense*（Gagnep.）Kosterm.（图394-395）和滇桐*Craigia yunnanensis* W. W. Smith et W. E. Evans（图396）等。

图 392　华椴 *Tilia chinensis* Maxim.

图 393　心叶椴 *Tilia cordata* Mill.

图 394　蚬木 *Burretiodendron tonkinense* (Gagnep.) Kosterm.

图 395　蚬木 *Burretiodendron tonkinense* (Gagnep.) Kosterm.

图 396　滇桐 *Craigia yunnanensis* W. W. Smith et W. E. Evans

49. 杜英科 Elaeocarpaceae

乔木或灌木。单叶互生或对生；有托叶。总状花序或圆锥花序；花通常两性，辐射对称；花萼4-5；花瓣4-5，顶端撕裂状，或缺；雄蕊多数，生于花盘上；子房上位，2至多室，每室有胚珠2至多数。核果、浆果或蒴果。杜英科有12属300余种，泛热带分布。我国有3属50余种。例如，水石榕*Elaeocarpus hainanensis* Merr. et Chun（图397）、山杜英*Elaeocarpus sylvestris*（Lour.）Poir.（图398）、文丁果*Muntingia calabura* L.（图399）和猴欢喜*Sloanea sinensis*（Hance）Hemsl.（图400）等。

图 397　水石榕 *Elaeocarpus hainanensis* Merr. et Chun

图 398　山杜英 *Elaeocarpus sylvestris*（Lour.）Poir.

图 399　文丁果 *Muntingia calabura* L.

图 400　猴欢喜 *Sloanea sinensis*（Hance）Hemsl.

50. 梧桐科 Sterculiaceae

草本、灌木或乔木。单叶或掌状复叶，互生；有托叶。花两性或单性，辐射对称；花萼5，多少合生；花瓣5或缺；雄蕊多数，花丝常合生成束；子房上位，心皮2-5，每个心皮有胚珠多数，果时每心皮单独形成一个蓇葖果，或果不开裂。梧桐科有60余属1000余种，泛热带分布。我国有约20属80余种。例如，假苹婆*Sterculia lanceolata* Cav.（图401）、家麻树*Sterculia pexa* Pierre（图402）、翅子树*Pterospermum lanceaefolium* Roxb.（图403）、云南梧桐*Firmiana major*（W. W. Smith）Hand.-Mazz.（图404）、青桐*Firmiana simplex*（L.）F. W. Wight（图405）、梭罗树*Reevesia pubescens* Mast.（图406）、刺果藤*Byttneria grandifolia* DC.（图407）、昂天莲*Ambroma augusta*（L.）L. f.（图408）、榴莲*Durio zibethinus* Murr.（图409）、可可*Theobroma cacao* L.（图410）和槭叶瓶木*Brachychiton acerifolius*（A. Cunn. ex G. Don）Macarthur（图411）等。

图 401　假苹婆 *Sterculia lanceolata* Cav.

图 402　家麻树 *Sterculia pexa* Pierre

图 403　翅子树 *Pterospermum lanceaefolium* Roxb.

图 404　云南梧桐 *Firmiana major*（W. W. Smith）Hand.-Mazz.

图 405　青桐 *Firmiana simplex*（L.）F. W. Wight

图 406　梭罗树 *Reevesia pubescens* Mast.

图 407　刺果藤 *Byttneria grandifolia* DC.

图 408　昂天莲 *Ambroma augusta*（L.）L. f.

图 409　榴莲 *Durio zibethinus* Murr.

图 410　可可 *Theobroma cacao* L.

图 411　槭叶瓶木 *Brachychiton acerifolius*（A. Cunn. ex G. Don）Macarthur

51. 木棉科 Bombacaceae

落叶乔木。叶互生，单叶或掌状复叶；托叶早落。花大，两性，辐射对称；花萼杯状，3-5裂；花瓣5，伸长；雄蕊5至多数，分离或合生成束；子房上位，2-5室，每室有胚珠2至多数，中轴胎座；花柱1，柱头2-5。蒴果室背开裂或不开裂。种子常有绵毛。木棉科有20属近200种，泛热带分布。我国原产5属6种。例如，木棉*Bombax ceiba* L.（图412）、长果木棉*Bombax insigne* Wall.（图413）、爪哇木棉*Ceiba pentandra*（L.）Gaertn.（图414）、猴面包树*Adansonia digitata* L.（图415）、瓜栗*Pachira macrocarpa*（Cham. et Schlecht）Walp.（图416）和美丽异木棉*Chorisia speciosa*（St. Hill.）Gibbs et Semir（图417）等。

图 412　木棉 *Bombax ceiba* L.

图 413　长果木棉 *Bombax insigne* Wall.

图 414　爪哇木棉 *Ceiba pentandra*（L.）Gaertn.

图 415　猴面包树 *Adansonia digitata* L.

图 416　瓜栗 *Pachira macrocarpa*（Cham. et Schlecht）Walp.

图 417　美丽异木棉 *Chorisia speciosa*（St. Hill.）Gibbs et Semir

52. 锦葵科 Malvaceae

草本、灌木或乔木。单叶互生，有托叶。花两性，辐射对称，单生或聚伞花序；花萼5裂，分离或合生，花萼外围常有苞片状的副萼；花瓣5，分离；雄蕊多数，花丝合生成单体雄蕊，基部与花瓣合生；子房上位，2至多室，每室有胚珠1至数颗。果为蒴果，分裂为数个果瓣，或少为浆果状。锦葵科有50属约1000种，世界分布。我国有17属70余种。例如，蜀葵*Alcea rosea* L.(图418)、棉花*Gossypium herbaceum* L.(图419-420)、朱槿*Hibiscus rosa-sinensis* L.(图421)、木槿*Hibiscus syriacus* L.(图422)、木芙蓉*Hibiscus mutabilis* L.(图423)、黄槿*Hibiscus tiliaceus* L.(图424)、黄葵*Abelmoschus manihot*（L.）Medicus(图425)、秋葵*Abelmoschus esculentus*（L.）Moench(图426)、金铃花*Abutilon striatum* Dickson.(图427)和垂花悬铃花*Malvaviscus arboreus* Cavan.(图428)等。

图 418　蜀葵 *Alcea rosea* L.

图 419　棉花 *Gossypium herbaceum* L.

图 420　棉花 *Gossypium herbaceum* L.

图 421　朱槿 *Hibiscus rosa-sinensis* L.

图 422　木槿 *Hibiscus syriacus* L.

图 423　木芙蓉 *Hibiscus mutabilis* L.

图 424　黄槿 *Hibiscus tiliaceus* L.

图 425　黄葵 *Abelmoschus manihot*（L.）Medicus

图 426　秋葵 *Abelmoschus esculentus*（L.）Moench

图 427　金铃花 *Abutilon striatum* Dickson.

图 428　垂花悬铃花 *Malvaviscus arboreus* Cavan.

53. 大戟科 Euphorbiaceae

草本、灌木或乔木，常有乳汁。叶互生，单叶或复叶；有托叶；有时具腺体。花单性同株或异株，花序多种；常为单被花，萼状，或内轮为花瓣；花盘常具腺体；雄蕊少数至多数，分离或合生；子房上位，3室，每室有1-2胚珠。蒴果、浆果或核果状。大戟科约300属8000余种，世界分布。我国有60余属约400种。例如，一品红*Euphorbia pulcherrima* Willd.（图429）、大狼毒*Euphorbia nematocypha* Hand.-Mazz.（图430）、金刚纂*Euphorbia antiquorum* L.（图431）、霸王鞭*Euphorbia royleana* Boiss（图432）、算盘子*Glochidion puberum*（L.）Hutch.（图433）、土沉香*Excoecaria acerifolia* F. Didr.（图434）、毛果桐*Mallotus barbatus*（Mall.）Muell.-Arg.（图435）、重阳木*Bischofia javanica* Bl.（图436）、秋枫*Bischofia polycarpa*（H. Lévl.）Airy Shaw（图437）、油桐*Vernicia fordii*（Hemsl.）Airy-Shaw（图438）、山桐*Vernicia montana* Lour.（图439）、余甘子*Phyllanthus emblica* L.（图440）、泰国余甘子*Phyllanthus acidus*（L.）Skeels（图441）、膏桐*Jatropha curcas* L.（图442）、橡胶*Hevea brasiliensis*（H. B. K.）Muell.-Arg.（图443）、木奶果*Baccaurea ramiflora* Lour.（图444）、蝴蝶果*Cleidiocarpon cavaleriei*（Levl.）Airy-Shaw（图445）和尾叶木*Cleistanthus sumatranus*（Miq.）Muell.-Arg.（图446）等。

图 429　一品红 *Euphorbia pulcherrima* Willd.

图 430　大狼毒 *Euphorbia nematocypha* Hand.-Mazz.

图 431　金刚纂 *Euphorbia antiquorum* L.

图 432　霸王鞭 *Euphorbia royleana* Boiss

图 433 算盘子 *Glochidion puberum*（L.）Hutch.

图 434 土沉香 *Excoecaria acerifolia* F. Didr.

图 435 毛果桐 *Mallotus barbatus*（Mall.）Muell.-Arg.

图 436 重阳木 *Bischofia javanica* Bl.

图 437 秋枫 *Bischofia polycarpa*（H. Lévl.）Airy Shaw

图 438 油桐 *Vernicia fordii*（Hemsl.）Airy-Shaw

图 439　山桐 *Vernicia montana* Lour.

图 440　余甘子 *Phyllanthus emblica* L.

图 441　泰国余甘子 *Phyllanthus acidus*（L.）Skeels

图 442　膏桐 *Jatropha curcas* L.

图 443　橡胶 *Hevea brasiliensis*（H. B. K.）Muell.-Arg.

图 444　木奶果 *Baccaurea ramiflora* Lour.

图 445　蝴蝶果 *Cleidiocarpon cavaleriei* (Levl.) Airy-Shaw

图 446　尾叶木 *Cleistanthus sumatranus* (Miq.) Muell.-Arg.

54. 交让木科 Daphniphyllaceae

常绿小乔木。单叶互生，全缘；无托叶。总状花序腋生或侧生；花单性异株；花萼盘状，3-6裂；花瓣缺；雄花雄蕊6-12；雌花子房上位，2心皮，2室，每室有2胚珠；花柱短或无，柱头2。核果，有1种子。交让木科为单型科，约25种，亚洲特有分布。我国有10余种。例如，虎皮楠*Daphniphyllum glaucescens* Bl.(图447)和西藏虎皮楠*Daphniphyllum himalense* (Benth.) Muell.-Arg.(图448)等。

图 447　虎皮楠 *Daphniphyllum glaucescens* Bl.

图 448　西藏虎皮楠 *Daphniphyllum himalense* (Benth.) Muell.-Arg.

55. 鼠刺科 Iteaceae

灌木或小乔木。单叶对生；无托叶。顶生或腋生的总状花序或圆锥花序；花两性；花萼5裂，宿存；花瓣5，狭；雄花5；子房上位或半下位，由2-3心皮组成，胚珠多数。蒴果，顶部2瓣开裂。鼠刺科为单型科，有16种，东亚和北美间断分布。我国有12种。例如，滇鼠刺*Itea yunnanensis* Franch. (图449)等。

图 449 滇鼠刺 *Itea yunnanensis* Franch.

56. 蔷薇科 Rosaceae

草本、灌木或小乔木，有刺或无刺。叶互生；常有托叶。伞房花序或其他花序；花两性，辐射对称；花萼4-5裂；花瓣4-5；雄花多数；子房上位或下位，由1至多数心皮构成，心皮分离或合生；胚珠每室1至多数。果实类型多样，有核果、瘦果、梨果、蓇葖果等。蔷薇科有100余属3000余种，世界分布。我国有40余属800余种。例如，玫瑰*Rosa rugosa* Thunb.（图450）、月季花*Rosa chinensis* Jacq.（图451）、香水月季*Rosa odorata*（Andr.）Sweet（图452）、峨眉蔷薇*Rosa omeiensis* Rolfe（图453）、绢毛蔷薇*Rosa sericea* Lindl.（图454）、美蔷薇*Rosa bella* Rehd. et Wils.（图455）、粉枝莓*Rubus biflorus* Buch.-Ham.（图456）、覆盆子*Rubus foliolosus* D. Don（图457）、黄藨*Rubus obcordatus*（Franch.）Nguyen（图458）、大乌泡*Rubus multibracteatus* Levl. et Vant.（图459）、桃*Prunus persica*（L.）Batsch（图460）、光核桃*Prunus mira* Koehne（图461）、李*Prunus salicina* Lindl.（图462）、杏*Prunus armeniaca* L.（图463）、梅*Prunus mume*（Sieb.）Sieb. et Zucc.（图464）、云南樱*Prunus yunnanensis* Franch.（图465）、冬樱桃*Prunus cerasoides* D. Don（图466）、樱桃*Prunus pseudo-cerasus* Lindl.（图467）、日本樱花*Prunus yedoensis* Matsum.（图468）、青刺尖*Prinsepia utilis* Royle（图469）、白牛筋*Dichotomanthes tristaniaecarpa* Kurz（图470）、棠梨*Pyrus pashia* Buch.-Ham. ex D. Don（图471）、梨*Pyrus pyrifolia*（Burm. f.）Nakai（图472）、晚绣花楸*Sorbus sargentiana* Koehne（图473）、西南花楸*Sorbus rehderiana* Koehne（图474）、少齿花楸*Sorbus oligodonta*（Cardot）Hand.-Mazz.（图475）、欧洲花楸*Sorbus aucuparia* L.（图476）、木瓜*Chaenomeles speciosa*（Sweet）Nakai（图477）、苹果*Malus pumila* Mill.（图478）、垂丝海棠*Malus halliana* Koehne（图479）、西府海棠*Malus micromalus* Makino（图480）、丽江山荆子*Malus rockii* Rehd.（图481）、光萼林檎*Malus leiocalyca* S. Z. Huang（图482）、云南移衣*Docynia delavayi*（Franch.）Schneid.（图483）、火棘*Pyracantha fortuneana*（Maxim.）Li（图484）、窄叶火棘*Pyracantha angustifolia*（Franch.）Schneid.（图485）、云南山楂*Crataegus scabrifolia*（Franch.）Rehd.（图486）、山楂*Crataegus pinnatifida* Bunge（图487）、小叶栒子*Cotoneaster microphyllus* Wall. ex Lindl.（图488）、粉叶栒子*Cotoneaster* *glaucophyllus* Franch.（图489）、西北栒子*Cotoneaster zabelii* Schneid.（图490）、枇杷*Eriobotrya japonica*（Thunb.）Lindl.（图491）、红果树*Stranvaesia davidiana* Decne（图492）、球花石楠*Photinia glomerata* Rehd. et Wils.（图493）、倒卵叶石楠*Photinia lasiogyna*（Franch.）Schneid.（图494）、绣线菊*Spiraea japonica* L. f.（图495）、高丛珍珠梅*Sorbaria arborea* Schneid.（图496）、珍珠梅*Sorbaria kirilowii*（Regel）Maxim.（图497）、窄叶鲜卑花*Sibiraea angustata*（Rehd.）Hand.-Mazz.（图498）和白鹃梅*Exochorda racemosa*（Lindl.）Rehder（图499）等。

图 450　玫瑰 *Rosa rugosa* Thunb.

图 451　月季花 *Rosa chinensis* Jacq.

图 452　香水月季 *Rosa odorata*（Andr.）Sweet

图 453　峨眉蔷薇 *Rosa omeiensis* Rolfe

图 454　绢毛蔷薇 *Rosa sericea* Lindl.

图 455　美蔷薇 *Rosa bella* Rehd. et Wils.

图 456　粉枝莓 *Rubus biflorus* Buch.-Ham.

图 457　覆盆子 *Rubus foliolosus* D. Don

图 458　黄藨 *Rubus obcordatus*（Franch.）Nguyen

图 459　大乌泡 *Rubus multibracteatus* Levl. et Vant.

图 460　桃 *Prunus persica*（L.）Batsch

图 461　光核桃 *Prunus mira* Koehne

图 462　李 *Prunus salicina* Lindl.

图 463　杏 *Prunus armeniaca* L.

图 464　梅 *Prunus mume*（Sieb.）Sieb. et Zucc.

图 465　云南樱 *Prunus yunnanensis* Franch.

图 466　冬樱桃 *Prunus cerasoides* D. Don

图 467　樱桃 *Prunus pseudo-cerasus* Lindl.

图 468　日本樱花 *Prunus yedoensis* Matsum.

图 469　青刺尖 *Prinsepia utilis* Royle

图 470　白牛筋 *Dichotomanthes tristaniaecarpa* Kurz

图 471　棠梨 *Pyrus pashia* Buch.-Ham. ex D. Don

图 472　梨 *Pyrus pyrifolia*（Burm. f.）Nakai

图 473　晚绣花楸 *Sorbus sargentiana* Koehne

图 474　西南花楸 *Sorbus rehderiana* Koehne

图 475　少齿花楸 *Sorbus oligodonta*（Cardot）Hand.-Mazz.

图 476　欧洲花楸 *Sorbus aucuparia* L.

图 477　木瓜 *Chaenomeles speciosa*（Sweet）Nakai

图 478　苹果 *Malus pumila* Mill.

图 479　垂丝海棠 *Malus halliana* Koehne

图 480　西府海棠 *Malus micromalus* Makino

图 481　丽江山荆子 *Malus rockii* Rehd.

图 482　光萼林檎 *Malus leiocalyca* S. Z. Huang

图 483　云南移衣 *Docynia delavayi*（Franch.）Schneid.

图 484　火棘 *Pyracantha fortuneana*（Maxim.）Li

图 485　窄叶火棘 *Pyracantha angustifolia*（Franch.）Schneid.

图 486　云南山楂 *Crataegus scabrifolia*（Franch.）Rehd.

图 487　山楂 *Crataegus pinnatifida* Bunge

图 488　小叶栒子 *Cotoneaster microphyllus* Wall. ex Lindl.

图 489　粉叶栒子 *Cotoneaster glaucophyllus* Franch.

图 490　西北栒子 *Cotoneaster zabelii* Schneid.

图 491　枇杷 *Eriobotrya japonica*（Thunb.）Lindl.

图 492　红果树 *Stranvaesia davidiana* Dance

图 493　球花石楠 *Photinia glomerata* Rehd. et Wils.

图 494　倒卵叶石楠 *Photinia lasiogyna* (Franch.) Schneid.

图 495　绣线菊 *Spiraea japonica* L. f.

图 496　高丛珍珠梅 *Sorbaria arborea* Schneid.

图 497　珍珠梅 *Sorbaria kirilowii* (Regel) Maxim.

图 498　窄叶鲜卑花 *Sibiraea angustata* (Rehd.) Hand.-Mazz.

图 499　白鹃梅 *Exochorda racemosa* (Lindl.) Rehder

57. 蜡梅科 Calycanthaceae

灌木。单叶对生。花两性，辐射对称，单生，先叶开放；花被片多数，螺旋状着生于杯状的花托外围，最外轮的苞片状，最内轮的花瓣状；雄花多数，两轮，螺旋状着生于花托顶部；子房下位；心皮离生，生于中空的杯状花托内。聚合瘦果。蜡梅科有2属7种，东亚和北美间断分布。我国有2属4种。例如，蜡梅*Chimonanthus praecox* (L.) Link (图500)等。

图 500　蜡梅 *Chimonanthus praecox* (L.) Link

58. 含羞草科 Mimosaceae

多数为乔木或灌木，少数为草本。叶互生，一至二回羽状复叶；常有托叶。头状花序、穗状花序或总状花序；花两性或杂性，辐射对称；花萼管状，5齿裂；花瓣5，镊合状排列；雄花多数，分离或基部合生；子房上位，1心皮，子房1室。荚果。含羞草科有约60属3000种，世界分布，但以热带为主。我国有10余属约70种。例如，合欢*Albizia julibrissin* Durazzini(图501)、毛叶合欢*Albizia mollis* (Wall.) Boiv.(图502)、鱼骨槐*Acacia dealbata* Link.(图503)、金合欢*Acacia farnesiana* (L.) Willd.(图504)、臭菜藤*Acacia intsia* (L.) Willd.(图505)、朱缨花*Calliandra haematocephala* Hassk(图506)、银合欢*Leucaena leucocephala* (Lam.) De Wit(图507)、含羞草*Mimosa pudica* L.(图508)、木荚豆*Xylia xylocarpa* Roxb.(图509)和雨树*Samanea saman* (Jacq.) Merr.(图510)等。

图 501　合欢 *Albizia julibrissin* Durazzini

图 502　毛叶合欢 *Albizia mollis*（Wall.）Boiv.

图 503　鱼骨槐 *Acacia dealbata* Link.

图 504　金合欢 *Acacia farnesiana*（L.）Willd.

图 505　臭菜藤 *Acacia intsia*（L.）Willd.

图 506　朱缨花 *Calliandra haematocephala* Hassk

图 507　银合欢 *Leucaena leucocephala* (Lam.) De Wit

图 508　含羞草 *Mimosa pudica* L.

图 509　木荚豆 *Xylia xylocarpa* Roxb.

图 510　雨树 *Samanea saman* (Jacq.) Merr.

59. 云实科 Caesalpiniaceae

乔木或灌木，稀草本。叶互生，一至二回羽状复叶，稀单叶；托叶常缺。总状花序、圆锥花序或稀为聚伞花序；花两性，左右对称；花萼5裂或上面2裂合生；花瓣5，上升覆瓦状排列，即最上面的花瓣位于最内轮；雄花通常10枚，分离；子房上位，心皮1，子房1室。荚果。苏木科有80余属1000余种，泛热带分布。我国有20属100余种。例如，腊肠树*Cassia fistula* L.(图511)、粉花山扁豆*Cassia spectabilis* DC.(图512)、黄槐*Cassia surattensis* Burm. f.(图513)、翅荚决明*Cassia alata* L.(图514)、铁刀木*Cassia siamea* L.(图515)、见血飞*Caesalpinia cucullata* Roxb.(图516)、云实*Caesalpinia decapetala* (Roth.) Alst.(图517)、苏木*Caesalpinia sappan* L.(图518)、石莲子*Caesalpinia minax* Hance(图519)、刺云实*Caesalpinia spinosa* L.(图520)、金凤花*Caesalpinia pulcherrima* (L.) Sw.(图521)、红花羊蹄甲*Bauhinia blakeana* Dunn.(图522)、白花羊

蹄甲*Bauhinia variegata* L.（图523）、多脉羊蹄甲*Bauhinia pernervosa* L. Chen（图524）、罗望子*Tamarindus indica* L.（图525）、任木*Zenia insignis* Chun（图526）、凤凰木*Delonix regia*（Bojer）Raf.（图527）、缅无忧花*Saraca griffithiana* Prain（图528）、无忧花*Saraca dives* Pierre（图529）、印度无忧花*Saraca indica* L.（图530）、紫荆*Cercis chinensis* Bunge（图531）、云南紫荆*Cercis yunnanensis* Hu et Cheng（图532）、盾柱木*Peltophorum inerme*（Roxb.）Naues（图533）、老虎刺*Pterolobium punctatum* Hemsl.（图534）、交趾油楠*Sindora cochinchinensis* H. Baill.（图535）、缅茄*Afzelia xylocarpa*（Kurz）Craib（图536）、皂荚*Gleditsia sinensis* Lam.（图537）、滇皂角*Gleditsia delavayi* Franch.（图538）、顶果木*Acrocarpus fraxinifolius* Wight ex Arn.（图539）和粘叶豆*Schizolobium excelsum* Vog.（图540）等。

图 511　腊肠树 *Cassia fistula* L.

图 512　粉花山扁豆 *Cassia spectabilis* DC.

图 513　黄槐 *Cassia surattensis* Burm. f.

图 514　翅荚决明 *Cassia alata* L.

图 515　铁刀木 *Cassia siamea* L.

图 516　见血飞 *Caesalpinia cucullata* Roxb.

图 517　云实 *Caesalpinia decapetala*（Roth.）Alst.

图 518　苏木 *Caesalpinia sappan* L.

图 519　石莲子 *Caesalpinia minax* Hance

图 520　刺云实 *Caesalpinia spinosa* L.

图 521　金凤花 *Caesalpinia pulcherrima*（L.）Sw.

图 522　红花羊蹄甲 *Bauhinia blakeana* Dunn.

图 523　白花羊蹄甲 *Bauhinia variegata* L.

图 524　多脉羊蹄甲 *Bauhinia pernervosa* L. Chen

图 525　罗望子 *Tamarindus indica* L.

图 526　任木 *Zenia insignis* Chun

图 527　凤凰木 *Delonix regia*（Bojer）Raf.

图 528　缅无忧花 *Saraca griffithiana* Prain

图 529　无忧花 *Saraca dives* Pierre

图 530　印度无忧花 *Saraca indica* L.

图 531　紫荆 *Cercis chinensis* Bunge

图 532　云南紫荆 *Cercis yunnanensis* Hu et Cheng

图 533　盾柱木 *Peltophorum inerme*（Roxb.）Naues

图 534　老虎刺 *Pterolobium punctatum* Hemsl.

图 535　交趾油楠 *Sindora cochinchinensis* H. Baill.

图 536　缅茄 *Afzelia xylocarpa*（Kurz）Craib

图 537　皂荚 *Gleditsia sinensis* Lam.

图 538　滇皂角 *Gleditsia delavayi* Franch.

图 539　顶果木 *Acrocarpus fraxinifolius* Wight ex Arn.

图 540　粘叶豆 *Schizolobium excelsum* Vog.

60. 蝶形花科 Papilionaceae

草本、灌木或乔木，或草质藤本或木质藤本。叶互生，三出复叶至羽状复叶，稀单叶；常有托叶。总状花序、圆锥花序、头状花序或穗状花序；花两性，两侧对称，具蝶形花冠；花萼5齿裂，或上面2齿裂合生；花瓣5，下降覆瓦状排列，即最上面的花瓣位于最外轮，称为旗瓣，两侧的花瓣称为翼瓣，位于最下面和最内轮的两瓣其下侧边缘合生，称为龙骨瓣；雄蕊10，9枚合生，1枚分离，称为二体雄蕊；雌蕊1，子房上位，1室，胚珠2至多数，沿腹缝线着生，即侧膜胎座。荚果。蝶形花科有500余属10 000余种，世界分布。我国有100余属1000余种。例如，豌豆*Pisum sativum* L.(图541)、蚕豆*Vicia faba* L.(图542)、广布野豌豆*Vicia cracca* L.(图543)、豇豆*Vigna sinensis* (L.) Savi(图544)、大豆*Glycine max* (L.) Merr.(图545)、菜豆*Phaseolus vulgaris* L.(图546)、豆薯*Pachyrhizus erosus* (L.) Urban(图547)、乔木刺桐*Erythrina arborescens* Roxb.(图548)、刺桐*Erythrina variegata* L.(图549)、鸡冠刺桐*Erythrina cristagalli* L.(图550)、紫藤*Wisteria sinensis* Sweet.(图551)、常春油麻藤*Mucuna sempervirens* Hemsl.(图552)、巴豆藤*Craspedolobium schochii* Harms(图553)、葛藤*Pueraria lobata* (Willd.) Ohwi(图554)、槐树*Sophora japonica* L.(图555)、龙爪槐*Sophora japonica* L. f. *pendula* Hort.(图556)、小花香槐*Cladrastis sinensis* Hemsl.(图557)、洋槐*Robinia pseudoacacia* L.(图558)、木豆*Cajanus cajan* (L.) Millsp.(图559)、大猪屎豆*Crotalaria assamica* Benth.(图560)、大果紫檀*Pterocarpus macrocarpus* Kurz.(图561)、印度紫檀*Pterocarpus indicus* Willd.(图562)、交趾黄檀*Dalbergia cochinchinensis* Pierre(图563)、降香黄檀*Dalbergia odorifera* T. Chen(图564)、黑黄檀*Dalbergia fusca* Pierre(图565-566)、黄檀*Dalbergia hupeana* Hance(图567)、桔井黄檀*Dalbergia nigrescens* Kurz.(图568)、多花杭子梢*Campylotropis polyantha* (Franch.) Schindl.(图569)、蔓花生*Arachis duranensis* Krapov. et W. C. Gregory(图570)、膀胱豆*Colutea delavayi* Franch.(图571)、密花豆*Spatholobus suberectus* Dunn(图572)、紫花黄华*Thermopsis barbata* Benth.(图573)、云南锦鸡儿*Caragana franchetiana* Kom.(图574)、紫云英*Astragalus sinicus* L.(图575)和刀豆*Canavalia gladiata* (Jacq.) DC.(图576)等。

图 541　豌豆 *Pisum sativum* L.

图 542　蚕豆 *Vicia faba* L.

图 543　广布野豌豆 *Vicia cracca* L.

图 544　豇豆 *Vigna sinensis*（L.）Savi

图 545　大豆 *Glycine max*（L.）Merr.

图 546　菜豆 *Phaseolus vulgaris* L.

图 547　豆薯 *Pachyrhizus erosus*（L.）Urban

图 548　乔木刺桐 *Erythrina arborescens* Roxb.

图 549　刺桐 *Erythrina variegata* L.

图 550　鸡冠刺桐 *Erythrina cristagalli* L.

图 551　紫藤 *Wisteria sinensis* Sweet.

图 552　常春油麻藤 *Mucuna sempervirens* Hemsl.

图 553　巴豆藤 *Craspedolobium schochii* Harms

图 554　葛藤 *Pueraria lobata*（Willd.）Ohwi

图 555　槐树 *Sophora japonica* L.

图 556　龙爪槐 *Sophora japonica* L. f. *pendula* Hort.

图 557　小花香槐 *Cladrastis sinensis* Hemsl.

图 558　洋槐 *Robinia pseudoacacia* L.

图 559　木豆 *Cajanus cajan*（L.）Millsp.

图 560　大猪屎豆 *Crotalaria assamica* Benth.

图 561　大果紫檀 *Pterocarpus macrocarpus* Kurz.

图 562　印度紫檀 *Pterocarpus indicus* Willd.

图 563　交趾黄檀 *Dalbergia cochinchinensis* Pierre

图 564　降香黄檀 *Dalbergia odorifera* T. Chen

图 565　黑黄檀 *Dalbergia fusca* Pierre

图 566　黑黄檀 *Dalbergia fusca* Pierre

图 567　黄檀 *Dalbergia hupeana* Hance

图 568　秸井黄檀 *Dalbergia nigrescens* Kurz.

图 569　多花杭子梢 *Campylotropis polyantha* (Franch.) Schindl.

图 570　蔓花生 *Arachis duranensis* Krapov. et W. C. Gregory

图 571　膀胱豆 *Colutea delavayi* Franch.

图 572　密花豆 *Spatholobus suberectus* Dunn

图 573　紫花黄华 *Thermopsis barbata* Benth.

图 574　云南锦鸡儿 *Caragana franchetiana* Kom.

图 575　紫云英 *Astragalus sinicus* L.

图 576　刀豆 *Canavalia gladiata*（Jacq.）DC.

61. 旌节花科 Stachyuraceae

灌木或小乔木。单叶互生，叶缘有锯齿。总状花序或穗状花序；花辐射对称，两性或杂性；小苞片2；花被片4；离生花瓣4；雄蕊8；子房上位，4室，中轴胎座，胚珠多数。浆果。旌节花科为东亚特有科，仅有1属10种。例如，中国旌节花*Stachyurus chinensis* Franch.（图577）和喜马山旌节花*Stachyurus himalaicus* Hook. f. et Thoms.（图578）等。

图 577 中国旌节花 *Stachyurus chinensis* Franch.

图 578 喜马山旌节花 *Stachyurus himalaicus* Hook. f. et Thoms.

62. 金缕梅科 Hamamelidaceae

乔木或灌木。单叶互生，全缘或有齿或掌状分裂；常有托叶。头状花序、穗状花序或总状花序；花杂性或单性同株；花萼管与子房合生或分离；花瓣4-5，着生于花萼上，或无花瓣；雄蕊4-5或多数；子房下位或半下位，由基部合生的2心皮组成；中轴胎座，胚珠多数；花柱2。蒴果，木质，2室，通常室间和室背开裂而为4瓣。金缕梅科有27属140余种，主要分布于东亚。例如，枫香*Liquidambar formosana* Hance（图579）、马蹄荷*Exbucklandia populnea*（R. Br. ex Griff.）R. W. Brown（图580）、细叶阿丁枫*Altingia gracilipes* Hemsl.（图581）、红花荷*Rhodoleia parvipetala* Tong（图582）、檵木*Loropetalum chinense*（R. Br.）Oliver（图583）和西域蜡瓣花*Corylopsis himalayana* Griff.（图584）等。

图 579 枫香 *Liquidambar formosana* Hance

图 580 马蹄荷 *Exbucklandia populnea*（R. Br. ex Griff.）R. W. Brown

图 581　细叶阿丁枫 *Altingia gracilipes* Hemsl.

图 582　红花荷 *Rhodoleia parvipetala* Tong

图 583　檵木 *Loropetalum chinense*（R. Br.）Oliver

图 584　西域蜡瓣花 *Corylopsis himalayana* Griff.

63. 杜仲科 Eucommiaceae

落叶乔木。单叶互生，叶缘有锯齿。花单性异株，无花被；雄花具苞片，密集成头状花序，仅由雄蕊组成；雌花单生于苞片的腋部，雌蕊由2合生心皮组成，子房扁平，椭圆形，1室，有2胚珠。坚果扁平，四周有翅。杜仲科为单型科，仅有杜仲*Eucommia ulmoides* Oliv.（图585）1种，中国特有分布。

图 585　杜仲 *Eucommia ulmoides* Oliv.

64. 悬铃木科 Platanaceae

落叶乔木。幼枝和叶被星状茸毛。叶大，单叶互生，掌状分裂；有托叶；叶柄基部扩大而罩着幼芽，即柄下芽。花密集成单性球状的头状花序；花单性同株；花萼缺；雄蕊多数；心皮多数，密集且混生线状苞片；子房1室，有1胚珠。头状花序由极多的小坚果组成，每一个小坚果的基部具有长毛。悬铃木科亦为单型科，仅1属约7种，分布于亚洲、欧洲和美洲。例如，一球悬铃木*Platanus accidentalis* L.（图586）、二球悬铃木*Platanus acerifolia*（Ait.）Willd.（图587）和三球悬铃木*Platanus orientalis* L.（图588）等。

图 586　一球悬铃木 *Platanus accidentalis* L.

图 587　二球悬铃木 *Platanus acerifolia*（Ait.）Willd.

图 588　三球悬铃木 *Platanus orientalis* L.

65. 杨柳科 Salicaceae

灌木至大乔木，落叶。单叶互生；有托叶。柔荑花序；花单性异株；花被缺，有苞片；雄蕊2至多数；子房1室，胚珠多数。蒴果2-4瓣裂。每一颗种子的基部具有丝质长毛。杨柳科有3属500余种，分布于亚热带至温带地区。例如，滇细叶柳*Salix heteromera* Hand.-Mazz.（图589）、滇大叶柳*Salix cavaleriei* Lévl.（图590）、绦柳*Salix matsudana* Koidz. f. *pendula* Schneid.（图591）、垂柳*Salix babylonica* L.（图592）、毛白杨*Populus tomentosa* Carr.（图593）、银白杨*Populus alba* L.（图594）、滇杨*Populus yunnanensis* Dode（图595-596）、山杨*Populus davidiana* Dode（图597）、加杨*Populus canadensis* Moench（图598）和胡杨*Populus diversifolia* Schrenk（图599）等。

图 589　滇细叶柳 *Salix heteromera* Hand.-Mazz.

图 590　滇大叶柳 *Salix cavaleriei* Lévl.

图 591　绦柳 *Salix matsudana* Koidz. f. *pendula* Schneid.

图 592　垂柳 *Salix babylonica* L.

图 593　毛白杨 *Populus tomentosa* Carr.

图 594　银白杨 *Populus alba* L.

图 595　滇杨 *Populus yunnanensis* Dode

图 596　滇杨 *Populus yunnanensis* Dode

图 597　山杨 *Populus davidiana* Dode

图 598　加杨 *Populus canadensis* Moench

图 599　胡杨 *Populus diversifolia* Schrenk

66. 杨梅科 Myricaceae

灌木或小乔木。单叶互生。柔荑花序；花单性，雌雄同株或异株；无花被；雄花具苞片1，雄蕊4-8；雌花具苞片1和数枚鳞片状小苞片，子房上位，1室。核果。杨梅科有2属约50种，东亚和北美间断分布。中国仅有杨梅属，4种。例如，杨梅*Myrica rubra*（Lour.）Sieb. et Zucc.（图600）和矮杨梅*Myrica nana* Cheval.（图601）等。

图 600　杨梅 *Myrica rubra*（Lour.）Sieb. et Zucc.

图 601　矮杨梅 *Myrica nana* Cheval.

67. 桦木科 Betulaceae

乔木或灌木。单叶互生，叶缘有锯齿。花单性同株；无花被；雄花为柔荑花序，每苞片有雄花3-6聚生；花萼膜质，4裂；雌花为球果状的柔荑花序，每苞片有雌花2-3聚生；子房2室，每室有1胚珠。坚果极小，扁平，有翅或无翅。桦木科有2属约140种，主要分布于北温带。中国有2属34种。例如，白桦*Betula platyphylla* Suk.（图602）、西南桦*Betula alnoides* Buch.-Ham. ex D. Don（图603）、亮叶桦*Betula luminifera* H. Winkl.（图604）、旱冬瓜*Alnus nepalensis* D. Don（图605）和水冬瓜*Alnus ferdinandi-coburgii* Schneid.（图606）等。

图 602　白桦 *Betula platyphylla* Suk.

图 603　西南桦 *Betula alnoides* Buch.-Ham. ex D. Don

图 604　亮叶桦 *Betula luminifera* H. Winkl.

图 605　旱冬瓜 *Alnus nepalensis* D. Don

图 606　水冬瓜 *Alnus ferdinandi-coburgii* Schneid.

68. 榛科 Corylaceae

灌木或乔木。单叶互生，有锯齿；有托叶。花单性同株；雄花排成柔荑花序，雄花无花萼，雄蕊数枚生于苞片上；雌花为头状的柔荑花序，花萼与子房合生，花萼顶端不规则分裂；子房下位，不完全2室，每室有2胚珠，但其中1颗退化；花柱2。坚果包藏于叶状的总苞内。榛科有4属约70种，主要分布于北温带。中国有4属30余种。例如，华榛*Corylus chinensis* Franch.（图607）、藏刺榛*Corylus thibetica* Batalin（图608）、榛*Corylus heterophylla* Fisch. ex Bress.（图609）、滇虎榛*Ostryopsis nobilis* Balf. f. et W. W. Sm.（图610）和大穗鹅耳枥*Carpinus fargesii* Franch.（图611）等。

图 607　华榛 *Corylus chinensis* Franch.

图 608　藏刺榛 *Corylus thibetica* Batalin

图 609　榛 *Corylus heterophylla* Fisch. ex Bress.

图 610　滇虎榛 *Ostryopsis nobilis* Balf. f. et W. W. Sm.

图 611　大穗鹅耳枥 *Carpinus fargesii* Franch.

69. 壳斗科 Fagaceae

乔木或灌木。单叶互生，全缘或分裂；托叶早落。花单性同株；雄花排成柔荑花序或头状花序，花被4-8裂，雄蕊4-20；雌花单生或簇生，花被4-8裂；子房下位，3-7室，每室有1-2胚珠；花柱3-7。坚果，包藏于总苞(壳斗)内。壳斗科有8属约900种，世界分布，但主要分布于北半球的亚热带至温带地区。中国有6属约300种。例如，水青冈*Fagus longipetiolata* Seem.(图612)、板栗*Castanea mollissima* Bl.(图613)、锥栗*Castanea henryi* (Skan) Rehd.(图614)、印度栲*Castanopsis indica* (Roxb.) A. DC.(图615)、南岭栲*Castanopsis fordii* Hance(图616)、栲树*Castanopsis fargesii* Franch.(图617)、杯状栲*Castanopsis calathiformis* (Skan) Rehd. et Wils.(图618)、元江栲*Castanopsis orthacantha* Franch.(图619)、高山栲*Castanopsis delavayi* Franch.(图620)、苦槠*Castanopsis sclerophylla* (Lindl.) Schottky(图621)、青冈*Cyclobalanopsis glauca* (Thunb.) Oersted(图622)、滇青冈*Cyclobalanopsis glaucoides* Schottky(图623)、黄毛青冈*Cyclobalanopsis delavayi* (Franch.) Schottky(图624)、滇石栎*Lithocarpus dealbatus* (Hook. f. et Thoms.) Rehd.(图625)、石栎*Lithocarpus glaber* (Thunb.) Nakai(图626)、光叶石栎*Lithocarpus mairei* (Schottky) Rehd.(图627)、麻栎*Quercus acutissima* Carr.(图628)、栓皮栎*Quercus variabilis* Bl.(图629)、灰背栎*Quercus senescens* Hand.-Mazz.(图630)、黄背栎*Quercus pannosa* Hand.-Mazz.(图631)、长穗高山栎*Quercus longispica* (Hand.-Mazz.) A. Camus(图632)和夏栎*Quercus robur* L.(图633-634)等。

图 612　水青冈 *Fagus longipetiolata* Seem.

图 613　板栗 *Castanea mollissima* Bl.

图 614　锥栗 *Castanea henryi* (Skan) Rehd.

图 615　印度栲 *Castanopsis indica*（Roxb.）A. DC.

图 616　南岭栲 *Castanopsis fordii* Hance

图 617　栲树 *Castanopsis fargesii* Franch.

图 618　杯状栲 *Castanopsis calathiformis*（Skan）Rehd. et Wils.

图 619　元江栲 *Castanopsis orthacantha* Franch.

图 620　高山栲 *Castanopsis delavayi* Franch.

图 621　苦槠 *Castanopsis sclerophylla*（Lindl.）Schottky

图 622　青冈 *Cyclobalanopsis glauca*（Thunb.）Oersted

图 623　滇青冈 *Cyclobalanopsis glaucoides* Schottky

图 624　黄毛青冈 *Cyclobalanopsis delavayi*（Franch.）Schottky

图 625　滇石栎 *Lithocarpus dealbatus*（Hook. f. et Thoms.）Rehd.

图 626　石栎 *Lithocarpus glaber*（Thunb.）Nakai

图 627　光叶石栎 *Lithocarpus mairei*（Schottky）Rehd.

图 628　麻栎 *Quercus acutissima* Carr.

图 629　栓皮栎 *Quercus variabilis* Bl.

图 630　灰背栎 *Quercus senescens* Hand.-Mazz.

图 631　黄背栎 *Quercus pannosa* Hand.-Mazz.

图 632　长穗高山栎 *Quercus longispica*（Hand.-Mazz.）A. Camus

图 633　夏栎 *Quercus robur* L.

图 634　夏栎 *Quercus robur* L.

70. 木麻黄科 Casuarinaceae

乔木。小枝似木贼或麻黄，具节和节间，节上有退化的鳞片状叶4至多数。花单性同株或异株，无花梗；雄花排成穗状花序，每朵雄花由1枚雄蕊和1-2片花被组成，其基部有1对小苞片；雌花为一球状的头状花序，无花被，具小苞片2枚；子房上位，1室；花柱具有2条线形的柱头。果序球果状；小坚果扁平，顶端具膜质狭翅，幼时包藏于小苞片内，成熟时小苞片硬化张开，小坚果外露。木麻黄科为单型科，约有60余种，主要分布于大洋洲。例如，木麻黄*Casuarina equisetifolia* L.(图635-636)等。

图 635　木麻黄 *Casuarina equisetifolia* L.

图 636　木麻黄 *Casuarina equisetifolia* L.

71. 榆科 Ulmaceae

乔木或灌木，落叶或常绿。单叶互生，叶缘有锯齿；托叶早落。花两性或单性；萼片3-6，雄蕊3-6；无花瓣；子房上位，1-2室，每室有1胚珠；花柱2。翅果、坚果或核果。榆科有16属200余种，世界分布。中国有8属50余种。例如，榉木*Zelkova schneideriana* Hand.-Mazz.(图637-638)、滇朴*Celtis tetrandra* Roxb.(图639)、昆明榆*Ulmus kunmingensis* Cheng(图640)、榔榆*Ulmus parvifolia* Jacp.(图641)等。

图 637 榉木 *Zelkova schneideriana* Hand.-Mazz.

图 638 榉木 *Zelkova schneideriana* Hand.-Mazz.

图 639 滇朴 *Celtis tetrandra* Roxb.

图 640 昆明榆 *Ulmus kunmingensis* Cheng

图 641 榔榆 *Ulmus parvifolia* Jacp.

72. 桑科 Moraceae

乔木、灌木或木质藤本，常有乳汁。单叶互生或对生，全缘或有锯齿，或分裂；有托叶，常早落。花单性同株或异株，聚成隐头花序、头状花序或穗状花序；单被花，即无花萼和花冠之分；花被通常4；雄蕊通常4；子房上位或下位，1-2室，每室有1胚珠；柱头1-2；瘦果被花被所包，组成头状或穗状集合果序。桑科有50余属1400余种，泛热带分布。中国有11属约170种。例如，桑*Morus alba* L.（图642）、见血封喉*Antiaris toxicaria*（Pers.）Lesch.（图643）、构树*Broussonetia papyrifera*（L.）L' Herit. ex Vent.（图644）、树菠萝*Artocarpus heterophyllus* Lam.（图645）、滇树菠萝*Artocarpus lakoocha* Wall. ex Roxb.（图646）、野树菠萝*Artocarpus chama* Buch.-Ham.（图647）、面包树*Artocarpus communis* J. L. Forst et G. Forst.（图648）、黄葛树*Ficus lacor* Buch.-Ham.（图649）、高榕*Ficus altissima* Bl.（图650）、木瓜榕*Ficus auriculata* Lour.（图651）、聚果榕*Ficus racemosa* L.（图652）、垂叶榕*Ficus benjamina* L.（图653）、钝叶榕*Ficus curtipes* Corner（图654）、菩提树*Ficus religiosa* L.（图655）、心叶榕*Ficus rumphii* Bl.（图656）、榕树*Ficus microcarpa* L. f.（图657）、雅榕*Ficus concinna* Miq.（图658）、虎克榕*Ficus hookeriana* Corner（图659）、青果榕*Ficus variegata* Bl.（图660）、黄毛榕*Ficus esquiroliana* Levl.（图661）、印度橡胶榕*Ficus elastica* Roxb. ex Hornem（图662）和岩石榴*Ficus sarmentosa* Buch.-Ham. ex J. E. Smith（图663）等。

图 642　桑 *Morus alba* L.

图 643　见血封喉 *Antiaris toxicaria*（Pers.）Lesch.

图 644　构树 *Broussonetia papyrifera*（L.）L' Herit. ex Vent.

图 645　树菠萝 *Artocarpus heterophyllus* Lam.

图 646　滇树菠萝 *Artocarpus lakoocha* Wall. ex Roxb.

图 647　野树菠萝 *Artocarpus chama* Buch.-Ham.

图 648　面包树 *Artocarpus communis* J. L. Forst et G. Forst.

图 649　黄葛树 *Ficus lacor* Buch.-Ham.

图 650　高榕 *Ficus altissima* Bl.

图 651　木瓜榕 *Ficus auriculata* Lour.

图 652　聚果榕 *Ficus racemosa* L.

图 653　垂叶榕 *Ficus benjamina* L.

图 654　钝叶榕 *Ficus curtipes* Corner

图 655　菩提树 *Ficus religiosa* L.

图 656　心叶榕 *Ficus rumphii* Bl.

图 657　榕树 *Ficus microcarpa* L. f.

图 658　雅榕 *Ficus concinna* Miq.

图 659　虎克榕 *Ficus hookeriana* Corner

图 660　青果榕 *Ficus variegata* Bl.

图 661　黄毛榕 *Ficus esquiroliana* Levl.

图 662　印度橡胶榕 *Ficus elastica* Roxb. ex Hornem

图 663　岩石榴 *Ficus sarmentosa* Buch.-Ham. ex J. E. Smith

73. 荨麻科 Urticaceae

草本、灌木或乔木。单叶互生或对生，有时有螫毛(蛰毛)；有托叶。聚伞花序、穗状花序、圆锥花序或生于肉质的花序托上；花小，两性或单性；单被花，被花4-5；雄蕊4-5，花丝果时常膨大；子房上位，与花被离生或合生，1室，每室有1胚珠。瘦果，多少包被于花被内。荨麻科约50属500余种，世界分布。中国有20属约300种。例如，苎麻*Boehmeria nivea*（L.）Gaud.(图664)、长叶苎麻*Boehmeria macrophylla* D. Don(图665)、荨麻*Urtica fissa* Pritz.(图666)、大蝎子草*Girardinia palmata*（Forsk.）Gaud.(图667)和大叶冷水花*Pilea martinii*（Levl.）Hand.-Mazz.(图668)等。

图 664　苎麻 *Boehmeria nivea*（L.）Gaud.

图 665　长叶苎麻 *Boehmeria macrophylla* D. Don

图 666　荨麻 *Urtica fissa* Pritz.

图 667　大蝎子草 *Girardinia palmata*（Forsk.）Gaud.

图 668　大叶冷水花 *Pilea martini*（Levl.）Hand.-Mazz.

74. 冬青科 Aquifoliaceae

乔木或灌木。单叶互生或稀对生，有锯齿。花小，两性或单性，单生或成束，腋生；花萼3-6；花瓣4-5；雄蕊4-5；子房上位，3至多室，每室有1-2胚珠。核果。冬青科有3属400余种，世界分布。中国有1属100余种。例如，多脉冬青*Ilex polyneura*（Hand.-Mazz.）S. Y. Hu（图669）、双核冬青*Ilex dipyrena* Wall.（图670）、枸骨*Ilex cornuta* Lindl.（图671）、硬叶冬青*Ilex ficifolia* C. J. Tseng ex S. K. Chen et Y. X. Feng（图672）、铁冬青*Ilex rotunda* Thunb.（图673-674）和阔叶冬青*Ilex latifrons* Chun（图675）等。

图 669　多脉冬青 *Ilex polyneura*（Hand.-Mazz.）S. Y. Hu

图 670　双核冬青 *Ilex dipyrena* Wall.

图 671　枸骨 *Ilex cornuta* Lindl.

图 672　硬叶冬青 *Ilex ficifolia* C. J. Tseng ex S. K. Chen et Y. X. Feng

图 673　铁冬青 *Ilex rotunda* Thunb.

图 674　铁冬青 *Ilex rotunda* Thunb.

图 675　阔叶冬青 *Ilex latifrons* Chun

75. 卫矛科 Celastraceae

乔木、灌木或木质藤本，或为攀附植物。单叶对生或互生，有锯齿。花两性或单性，辐射对称，排成聚伞花序或总状花序，花序顶生或腋生，或花单生；花萼4-5裂，宿存；花瓣4-5；雄蕊4-5，着生于花盘上；子房上位，1-5室，与花盘分离或藏于花盘内。蒴果。卫矛科有50余属800余种，世界分布。中国有10余属200余种。例如，西南卫矛*Euonymus hamiltonianus* Wall.（图676）、扶芳藤*Euonymus fortunei*（Turcz.）Hand.-Mazz.（图677）、卫矛*Euonymus alatus*（Thunb.）Sieb.（图678）、青江藤*Celastrus hindsii* Benth.（图679）、南蛇藤*Celastrus angulatus* Maxim.（图680）和昆明山海棠*Tripterygium hypoglaucum*（Lévl.）Hutch.（图681）等。

图 676　西南卫矛 *Euonymus hamiltonianus* Wall.

图 677　扶芳藤 *Euonymus fortunei*（Turcz.）Hand.-Mazz.

图 678　卫矛 *Euonymus alatus*（Thunb.）Sieb.

图 679 青江藤 *Celastrus hindsii* Benth.

图 680 南蛇藤 *Celastrus angulatus* Maxim.

图 681 昆明山海棠 *Tripterygium hypoglaucum*（Lévl.）Hutch.

76. 十齿花科 Dipentodontaceae

落叶小乔木。单叶对生，有锯齿。伞形花序腋生，具总花梗和花梗；花两性，辐射对称；花萼5裂，宿存；花瓣5裂，与花萼极相似，且排列如一轮，宿存，故似“十齿”；雄蕊5，着生于花盘边缘，间隔生有瓣状黄色腺体；子房上位，基部3室，上部1室。蒴果，被柔毛，基部具有10个宿存的齿状花被片，顶部具有细长宿存的花柱。十齿花科为单型科，仅有十齿花*Dipentodon sinicus* Dunn（图682）一种，中国特有分布。

图 682 十齿花 *Dipentodon sinicus* Dunn

77. 茶茱萸科 Icacinaceae

乔木、灌木或木质藤本。单叶互生。花单性或两性，辐射对称；花萼4-5；花瓣

4-5；雄蕊4-5；子房上位，1室，有2胚珠。核果。茶茱萸科有50余属400余种，泛热带分布。中国有10余属20余种。例如，毛假柴龙树*Nothapodytes tomentosa* C. Y. Wu (图683)等。

图 683　毛假柴龙树 *Nothapodytes tomentosa* C. Y. Wu

78. 心翼果科 Cardiopteridaceae

木质藤本。叶互生，单叶，叶缘不分裂或分裂，叶基心形，叶脉掌状。聚伞花序或总状花序；花两性；花萼5裂，萼片宿存；花冠4-5裂；雄蕊4-5，着生于花冠管的基部；子房上位，1室，有1下垂胚珠；花柱分2枝。果为翅果，压扁。心翼果科为单型科，有3种，热带亚洲特有分布。中国有2种。例如，心翼果*Cardiopteris platycarpa* Gagnep. (图684-685)等。

图 684　心翼果 *Cardiopteris platycarpa* Gagnep.

图 685　心翼果 *Cardiopteris platycarpa* Gagnep.

79. 铁青树科 Olacaceae

乔木或灌木。单叶互生。聚伞花序或伞形花序；花两性，辐射对称；花萼4-5裂；花瓣3-6；雄蕊3至多数；子房上位，1-5室，每室有1胚珠。核果或浆果。铁青树科有20

余属约250种，泛热带分布。中国有5属8种。例如，蒜头果*Malania oleifera* Chun et S. Lee ex S. Lee (图686-688)等。

图 686　蒜头果 *Malania oleifera* Chun et S. Lee ex S. Lee

图 687　蒜头果 *Malania oleifera* Chun et S. Lee ex S. Lee

图 688　蒜头果 *Malania oleifera* Chun et S. Lee ex S. Lee

80. 桑寄生科 Loranthaceae

寄生植物，多数灌木状。通常单叶对生，叶厚革质，全缘，或叶片退化为鳞片状。花两性或单性，具苞片，各式排列；花被3-8，花萼状或花瓣状，常合生成管状；雄蕊与花被同数；子房下位，1室，与花托合生。浆果。桑寄生科有30余属1000余种，世界分布。中国有10余属60余种。例如，桑寄生*Scurrula parasitica* L.(图689)和金沙江寄生*Taxillus thibetensis* (Lecomte) Danser(图690)等。

图 689　桑寄生 *Scurrula parasitica* L.

图 690　金沙江寄生 *Taxillus thibetensis*（Lecomte）Danser

81. 檀香科 Santalaceae

乔木、灌木或草本，少数类群兼为根寄生。单叶互生或对生，或叶片退化为鳞片状。花两性或单性，辐射对称，单生或排成花序；花萼花瓣状，3-6裂；无花瓣；雄蕊3-6；子房下位或半下位，1室，有1-3胚珠。核果或坚果。檀香科约30属400种，世界分布。中国有7属20余种。例如，沙针*Osyris wightiana* Wall. ex Wight（图691）、油葫芦*Pyrularia edulis*（Wall.）A. DC.（图692）和檀香*Santalum album* L.（图693）等。

图 691　沙针 *Osyris wightiana* Wall. ex Wight

图 692　油葫芦 *Pyrularia edulis*（Wall.）A. DC.

图 693　檀香 *Santalum album* L.

82. 鼠李科 Rhamnaceae

乔木、灌木或木质藤本，常有刺。单叶互生；托叶小且早落。聚伞花序或总状花序等；花两性，辐射对称；花萼4-5裂；花瓣4-5，或缺；雄蕊4-5；子房上位，2-4室，每室有1胚珠。核果或蒴果。鼠李科有50余属约900种，世界分布。中国有15属100余种。例如，枣*Ziziphus sativa* Gaertn.（图694）、缅枣*Ziziphus mauritiana* Lam.（图695）、山枣*Ziziphus montana* W. W. Smith.（图696）、铜钱树*Paliurus hemsleyanus* Rehd.（图697）、拐枣*Hovenia acerba* Lindl.（图698）和多花勾儿茶*Berchemia floribunda*（Wall.）Brongn.（图699）等。

图 694　枣 *Ziziphus sativa* Gaertn.

图 695　缅枣 *Ziziphus mauritiana* Lam.

图 696　山枣 *Ziziphus montana* W. W. Smith.

图 697　铜钱树 *Paliurus hemsleyanus* Rehd.

图 698　拐枣 *Hovenia acerba* Lindl.

图 699　多花勾儿茶 *Berchemia floribunda*（Wall.）Brongn.

83. 胡颓子科 Elaeagnaceae

灌木或乔木，幼枝被银色盾状鳞片。单叶互生，全缘；无托叶。腋生的总状花序；花两性或单性，辐射对称；单被花，花萼4-5裂，两性花或雌花的花萼管状，于子房之上收缩，果时变肉质；花瓣缺；雄蕊4-8；子房上位，1室，有1胚珠；花柱长。瘦果或坚果，包藏于肉质的花被内。胡颓子科有3属50余种，北半球温带分布。中国有2属40余种。例如，密花胡颓子*Elaeagnus conferta* Roxb.（图700）和沙棘*Hippophae rhamnoides* L.（图701-702）等。

图 700　密花胡颓子 *Elaeagnus conferta* Roxb.

图 701　沙棘 *Hippophae rhamnoides* L.

图 702　沙棘 *Hippophae rhamnoides* L.

84. 葡萄科 Vitaceae

木质藤本，具有与叶对生的茎卷须。叶互生，单叶或复叶。常聚伞花序；花两性或单性，辐射对称；花萼4-5裂；花瓣4-5；雄蕊4-5；子房上位，2至多室，每室有2胚珠。浆果。葡萄科有10余属600余种，世界分布。中国有7属约100种。例如，葡萄*Vitis vinifera* L.（图703）、爬山虎*Parthenocissus tricuspidata*（Sieb. et Zucc.）Planch.（图704）、东南爬山虎*Parthenocissus austro-orientalis*（Hook. f.）Gagnep.（图705）和扁担藤*Tetrastigma planicaule*（Hook. f.）Gagnep.（图706）等。

图 703　葡萄 *Vitis vinifera* L.

图 704 爬山虎 *Parthenocissus tricuspidata* (Sieb. et Zucc.) Planch.

图 705 东南爬山虎 *Parthenocissus austro-orientalis* (Hook. f.) Gagnep.

图 706 扁担藤 *Tetrastigma planicaule* (Hook. f.) Gagnep.

85. 芸香科 Rutaceae

灌木或乔木，有的具刺，稀为草本。单叶互生或对生，单叶或复叶，或为单身复叶，常具透明腺点。聚伞花序或各式花序；花两性，辐射对称；花萼4-5，花瓣4-5，分离；雄蕊3-5或6-10；雌蕊2-5个合生心皮组成，子房上位，4-5室，每室有胚珠1至多数。浆果、核果或蒴果。芸香科有100余属约1000种，世界分布。中国有20余属100余种。例如，桔子*Citrus deliciosa* Tenore（图707）、柚子*Citrus grandis*（L.）Osbeck（图708）、黄皮*Clausena lansium*（Lour.）Skeels（图709）、九里香*Murraya paniculata*（L.）Jacks.（图710）、花椒*Zanthoxylum bungeanum* Maxim.（图711）、岩椒*Zanthoxylum esquirolii* Levl.（图712）、花椒簕*Zanthoxylum cuspidatum* Champ.（图713）、川黄柏*Phellodendron chinense* Schneid.（图714-715）、臭檀*Evodia daniellii*（Benn.）Hemsl.（图716）、象橘*Feronia limonia*（L.）Swingle（图717）和三叶木橘*Aegle marmelos*（L.）Correa（图718）等。

图 707　桔子 *Citrus deliciosa* Tenore

图 708　柚子 *Citrus grandis*（L.）Osbeck

图 709　黄皮 *Clausena lansium*（Lour.）Skeels

图 710　九里香 *Murraya paniculata*（L.）Jacks.

图 711　花椒 *Zanthoxylum bungeanum* Maxim.

图 712　岩椒 *Zanthoxylum esquirolii* Levl.

图 713 花椒簕 *Zanthoxylum cuspidatum* Champ.

图 714 川黄柏 *Phellodendron chinense* Schneid.

图 715 川黄柏 *Phellodendron chinense* Schneid.

图 716 臭檀 *Evodia daniellii*（Benn.）Hemsl.

图 717 象橘 *Feronia limonia*（L.）Swingle

图 718 三叶木橘 *Aegle marmelos*（L.）Correa

86. 苦木科 Simaroubaceae

乔木或灌木，幼树或萌生幼枝常具皮刺。羽状复叶互生。圆锥花序或总状花序；花两性或单性，辐射对称；花萼3-5；花瓣3-5；雄蕊3-5或6-10，花丝基部常有鳞片；子房上位，2-5室而有中轴胎座，或2-5个分离心皮。蒴果、翅果或核果。苦木科有30余属150余种，世界分布。中国有5属10余种。例如，臭椿*Ailanthus altissima*（Mill.）Swingle（图719-720）等。

图 719　臭椿 *Ailanthus altissima*（Mill.）Swingle

图 720　臭椿 *Ailanthus altissima*（Mill.）Swingle

87. 橄榄科 Burseraceae

乔木或灌木。羽状复叶互生。圆锥花序；花两性或杂性，辐射对称；花萼3-5；花瓣3-5；雄蕊3-5或6-10；子房上位，2-5室。核果。橄榄科有16属约500种，泛热带分布。中国有4属10余种。例如，橄榄*Canarium album*（Lour.）Raeusch.（图721）和羽叶白头树*Garuga pinnata* Roxb.（图722）等。

图 721　橄榄 *Canarium album*（Lour.）Raeusch.

图 722　羽叶白头树 *Garuga pinnata* Roxb.

88. 楝科 Meliaceae

乔木或灌木。一至多回羽状复叶，互生。圆锥花序；花两性，辐射对称；花萼4-5；花瓣4-5；雄蕊8-10，花丝合生成管状；子房上位，4-5室。蒴果、浆果或核果。楝科有50余属1400余种，泛热带分布。中国有15属约60种。例如，红椿*Toona ciliata* Roem.（图723）、毛红椿*Toona ciliata* Roem. var. *pubescens*（Franch.）Hand.-Mazz.（图724）、香椿*Toona sinensis*（A. Juss.）Roem.（图725）、紫椿*Toona microcarpa*（C. DC.）Harms（图726）、苦楝*Melia azedarach* L.（图727）、川楝*Melia toosendan* Sieb. et Zucc.（图728）、印楝*Azadirachta indica* A. Juss.（图729）、大叶桃花心木*Swietenia macrophylla* King（图730）和米兰*Aglaia odorata* Lour.（图731）等。

图 723　红椿 *Toona ciliata* Roem.

图 724　毛红椿 *Toona ciliata* Roem. var. *pubescens*（Franch.）Hand.-Mazz.

图 725　香椿 *Toona sinensis*（A. Juss.）Roem.

图 726　紫椿 *Toona microcarpa*（C. DC.）Harms

图 727　苦楝 *Melia azedarach* L.

图 728　川楝 *Melia toosendan* Sieb. et Zucc.

图 729　印楝 *Azadirachta indica* A. Juss.

图 730　大叶桃花心木 *Swietenia macrophylla* King

图 731　米兰 *Aglaia odorata* Lour.

89. 无患子科 Sapindaceae

乔木或灌木，稀草质藤本。叶互生，一至二回羽状复叶或单叶。圆锥花序或总状花序；花单性或杂性，辐射对称或左右对称；花萼4-5；花瓣4-5或缺；雄蕊8-10；子房上位，2-4室，中轴胎座或侧膜胎座。蒴果、核果、浆果或翅果。部分类群有假种皮。无患子科有150余属200余种，泛热带分布。中国有20余属约60种。例如，荔枝*Litchi chinensis* Sonn.(图732)、龙眼*Euphoria longan*（Lour.）Steud.(图733)、红毛丹*Nephelium lappaceum* L.(图734)、无患子*Sapindus mukorossi* Gaertn.(图735)、皮哨子*Sapindus delavayi*（Franch.）Radlk.(图736)、复羽叶栾树*Koelreuteria bipinnata* Franch.(图737)、全缘栾树*Koelreuteria integrifoliola* Merr.(图738)、栾树*Koelreuteria paniculata* Laxm.(图739)、黄黎木*Boniodendron minus*（Hemsl.）T. Chen ex T. Chen et H. S. Lo(图740)、坡柳*Dodonaea viscosa*（L.）Jacq.(图741)和倒地铃*Cardiospermum halicacabum* L.(图742)等。

图 732　荔枝 *Litchi chinensis* Sonn.

图 733　龙眼 *Euphoria longan*（Lour.）Steud.

图 734　红毛丹 *Nephelium lappaceum* L.

图 735　无患子 *Sapindus mukorossi* Gaertn.

图 736　皮哨子 *Sapindus delavayi*（Franch.）Radlk.

图 737　复羽叶栾树 *Koelreuteria bipinnata* Franch.

图 738　全缘栾树 *Koelreuteria integrifoliola* Merr.

图 739　栾树 *Koelreuteria paniculata* Laxm.

图 740　黄梨木 *Boniodendron minus*（Hemsl.）T. Chen ex T. Chen et H. S. Lo

图 741　坡柳 *Dodonaea viscosa*（L.）Jacq.

图 742　倒地铃 *Cardiospermum halicacabum* L.

90. 七叶树科 Hippocastanaceae

乔木或灌木。掌状复叶对生。圆锥花序或总状花序；花杂性，两侧对称；花萼5；花瓣4-5，不等大；雄蕊5-8，着生于花盘上；子房上位，1-3室。蒴果。七叶树科有2属20余种，北温带分布。中国有1属数种。例如，七叶树*Aesculus chinensis* Bunge（图743）、云南七叶树*Aesculus wangii* Hu ex Fang（图744）、滇缅七叶树*Aesculus khasyana* (Voigt) C. R. Das et Majundar（图745）和欧洲七叶树*Aesculus hippocastanum* L.（图746）等。

图 743　七叶树 *Aesculus chinensis* Bunge

图 744　云南七叶树 *Aesculus wangii* Hu ex Fang

图 745　滇缅七叶树 *Aesculus khasyana* (Voigt) C. R. Das et Majundar

图 746　欧洲七叶树 *Aesculus hippocastanum* L.

91. 钟萼木科（伯乐树科）Bretschneideraceae

高大乔木。奇数羽状复叶互生。总状花序顶生，直立；花两性，两侧对称；花萼钟状，5裂；花瓣5，不等大，具柄；雄蕊8；子房上位，3-5室，每室有2胚珠。蒴果木质。钟萼木科为单型科，仅有钟萼木*Bretschneidera sinensis* Hemsl.（图747）1种，中国特有分布。

图 747　钟萼木 *Bretschneidera sinensis* Hemsl.

92. 槭树科 Aceraceae

乔木或灌木。单叶或羽状复叶，对生。伞形花序、伞房花序、圆锥花序或总状花序；花两性或单性，辐射对称；花萼和花瓣均4-5，或无花瓣；雄蕊4-10；子房上位，2心皮；翅果或翅果状坚果。槭树科有3属约200种，北温带分布。中国有2属150余种。例如，中华槭*Acer sinense* Pax（图748）、五裂槭*Acer oliverianum* Pax（图749）、鸡爪槭*Acer palmatum* Thunb.（图750）、挪威槭*Acer platanoides* L.（图751）、三角枫*Acer buergerianum* Miq.（图752）、青榨槭*Acer davidii* Franch.（图753）、金钱槭*Dipteronia sinensis* Oliv.（图754）和云南金钱槭*Dipteronia dyeriana* Henry（图755）等。

图 748　中华槭 *Acer sinense* Pax

图 749　五裂槭 *Acer oliverianum* Pax

图 750　鸡爪槭 *Acer palmatum* Thunb.

图 751　挪威槭 *Acer platanoides* L.

图 752　三角枫 *Acer buergerianum* Miq.

图 753　青榨槭 *Acer davidii* Franch.

图 754　金钱槭 *Dipteronia sinensis* Oliv.

图 755　云南金钱槭 *Dipteronia dyeriana* Henry

93. 省沽油科 Staphyleaceae

乔木或灌木。羽状复叶对生；有托叶。圆锥花序或总状花序；花两性，辐射对称花萼和花瓣均5；雄蕊5；子房上位，3心皮，3室，胚珠多数，中轴胎座。蒴果、浆果或核果。省沽油科有5属约60种，北温带分布。中国有4属20余种。例如，野鸦椿*Euscaphis japonica*（Thunb.）Dippel（图756）和膀胱果*Staphylea holocarpa* Hemsl.（图757-758）等。

图 756　野鸦椿 *Euscaphis japonica*（Thunb.）Dippel

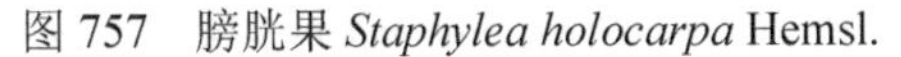

图 757　膀胱果 *Staphylea holocarpa* Hemsl.

图 758　膀胱果 *Staphylea holocarpa* Hemsl.

94. 漆树科 Anacardiaceae

乔木或灌木。单叶或羽状复叶，通常互生。圆锥花序或总状花序；花单性或两性，辐射对称；花萼和花瓣均3-5；雄蕊10-15；子房上位，1-5室，每室有1胚珠。核果。漆树科有60余属约600种，泛热带分布。中国有16属约60种。例如，杧果*Mangifera indica* L.（图759）、腰果*Anacardium occidentale* L.（图760）、槟榔青*Spondias pinnata*（L. f.）Kurz（图761）、漆树*Toxicodendron vernicifluum*（Stokes）F. A. Barkley（图762-763）、黄连木*Pistacia chinensis* Bunge（图764-765）、清香木*Pistacia weinmannifolia* J. Poisson ex Franch.（图766）和盐肤木*Rhus chinensis* Mill.（图767）等。

图 759　杧果 *Mangifera indica* L.

图 760　腰果 *Anacardium occidentale* L.

图 761　槟榔青 *Spondias pinnata*（L. f.）Kurz

图 762　漆树 *Toxicodendron vernicifluum* (Stokes) F. A. Barkley

图 763　漆树 *Toxicodendron vernicifluum* (Stokes) F. A. Barkley

图 764　黄连木 *Pistacia chinensis* Bunge

图 765　黄连木 *Pistacia chinensis* Bunge

图 766　清香木 *Pistacia weinmannifolia* J. Poisson ex Franch.

图 767　盐肤木 *Rhus chinensis* Mill.

95. 马尾树科 Rhoipteleaceae

图 768　马尾树 *Rhoiptelea chiliantha* Diels et Hand.-Mazz.

落叶乔木。羽状复叶互生，小叶有锯齿。圆锥花序式的穗状花序；花杂性；花萼4，花瓣缺；雄蕊6；子房上位，2室，每室有1胚珠。翅果，顶端2裂。马尾树科为单型科，仅有马尾树*Rhoiptelea chiliantha* Diels et Hand.-Mazz.（图768）1种，北部湾地区特有分布。

96. 胡桃科 Juglandaceae

落叶乔木。羽状复叶，互生；无托叶。花单性同株；雄花为下垂的柔荑花序，花被不规则，雄蕊3至多数；雌花单生或数朵合生，花被4裂，与苞片和子房合生；子房下位，1室，有1胚珠。坚果，具肉质的外果皮。胡桃科有8属约50种，北温带分布。中国有7属27种。例如，核桃*Juglans regia* L.（图769-770）、漾濞核桃*Juglans sigillata* Dode（图771）、野核桃*Juglans cathayensis* Dode（图772）、喙核桃*Annamocarya sinensis*（Dode）Leroy（图773）、青钱柳*Cyclocarya paliurus*（Batal.）Iljinskaja（图774）、枫杨*Pterocarya stenoptera* C. DC.（图775）、东京枫杨*Pterocarya tonkinensis*（Franch.）Dode（图776）、云南枫杨*Pterocarya delavayi* Franch.（图777）、黄杞*Engelhardtia roxburghiana* Lindl. ex Wall.（图778）、毛叶黄杞*Engelhardtia colebrookeana* Lindl.（图779）、化香树*Platycarya strobilacea* Sieb. et Zucc.（图780）和美国山核桃*Carya illinoensis*（Wangenh.）K. Koch.（图781）等。

图 769　核桃 *Juglans regia* L.

图 770　核桃 *Juglans regia* L.

图 771　漾濞核桃 *Juglans sigillata* Dode

图 772　野核桃 *Juglans cathayensis* Dode

图 773　喙核桃 *Annamocarya sinensis*（Dode）Leroy

图 774　青钱柳 *Cyclocarya paliurus*（Batal.）Iljinskaja

图 775　枫杨 *Pterocarya stenoptera* C. DC.

图 776　东京枫杨 *Pterocarya tonkinensis*（Franch.）Dode

图 777　云南枫杨 *Pterocarya delavayi* Franch.

图 778　黄杞 *Engelhardtia roxburghiana* Lindl. ex Wall.

图 779　毛叶黄杞 *Engelhardtia colebrookeana* Lindl.

图 780　化香树 *Platycarya strobilacea* Sieb. et Zucc.

图 781　美国山核桃 *Carya illinoensis*（Wangenh.）K. Koch.

97. 山茱萸科 Cornaceae

乔木或灌木。单叶对生，稀互生。花两性或单性，为顶生的花束，或生于叶的表面；花萼4-5齿裂，花瓣4-5或缺；雄蕊4-5；子房下位，1-4室，每室有1胚珠。核果或浆果。山茱萸科有12属约100种，北温带分布。中国有7属40余种。例如，灯台树 *Cornus controversa* Hemsl. ex Prain(图782)、毛梾*Cornus walteri* Wanger.(图783)、四照花*Dendrobenthamia japonica*（DC.）Fang(图784-785)、头状四照花*Dendrobenthamia capitata*（Wall.）Hutch.(图786-787)、青荚叶*Helwingia japonica*（Thunb.）Dietr.(图788)和西域青荚叶*Helwingia himalaica* Hook. f. et Thoms. ex C. B. Clarke(图789)等。

图 782　灯台树 *Cornus controversa* Hemsl. ex Prain

图 783　毛梾 *Cornus walteri* Wanger.

图 784　四照花 *Dendrobenthamia japonica* (DC.) Fang

图 785　四照花 *Dendrobenthamia japonica* (DC.) Fang

图 786　头状四照花 *Dendrobenthamia capitata* (Wall.) Hutch.

图 787　头状四照花 *Dendrobenthamia capitata* (Wall.) Hutch.

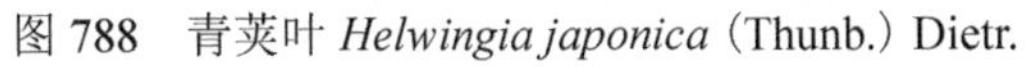

图 788　青荚叶 *Helwingia japonica* (Thunb.) Dietr.

图 789　西域青荚叶 *Helwingia himalaica* Hook. f. et Thoms. ex C. B. Clarke

98. 鞘柄木科 Toricelliaceae

灌木或小乔木。单叶互生。叶柄长，基部扩大；叶心形，常5裂。下垂的圆锥花序；花单性异株；雄花萼5，花瓣5；雌花无花瓣；子房下位，3-4室，每室有1胚珠。核果。鞘柄木科为单型科，有3种，东亚分布。例如，鞘柄木*Toricellia tiliifolia* DC.(图790)等。

图 790　鞘柄木 *Toricellia tiliifolia* DC.

99. 紫树科 Nyssaceae

落叶乔木。单叶互生。头状花序，或为伞房状或伞状的聚伞花序，花序顶生或腋生；花两性或单性；花萼小，花瓣5或更多或缺；雄蕊5-10或更多；子房下位，1至多室，每室有1胚珠。核果或翅果。紫树科有3属约10种，中国特有分布。例如，喜树*Camptotheca acuminata* Deene.(图791-792)、珙桐*Davidia involucrata* Baill.(图793)和紫树*Nyssa sinensis* Oliv.(图794)等。

图 791　喜树 *Camptotheca acuminata* Deene.

图 792　喜树 *Camptotheca acuminata* Deene.

图 793 珙桐 *Davidia involucrata* Baill.

图 794 紫树 *Nyssa sinensis* Oliv.

100. 五加科 Araliaceae

草本、灌木或乔木，或为攀附灌木。单叶、羽状复叶或掌状复叶，绝大多数为互生。多数为伞形花序、头状花序；花两性或单性，辐射对称；花萼与子房合生，花瓣5-10；雄蕊与花瓣同数或更多；子房下位，1至多室，每室有1胚珠。核果或浆果。五加科有80余属约1000种，世界分布。例如，三七*Panax notoginseng*（Buurk.）F. H. Chen ex C. Chow et al.（图795-797）、大叶三七*Panax major*（Burk.）Ting ex Pei et al.（图798-799）、珠子参*Panax japonicus* C. A. Meyer（图800-801）、屏边三七*Panax stipuleanatus* Tsai et Feng ex C. Chow et al.（图802）、姜状三七*Panax zingiberensis* C. Y. Wu et Feng ex C. Chow et al.（图803-804）、梁王茶*Nothopanax delavayi*（Franch.）Harms et Diels（图805）、马蹄参*Diplopanax stachyanthus* Hand.-Mazz.（图806）、楤木*Aralia chinensis* L.（图807）、常春藤*Hedera sinensis* Tobl.（图808）、刺楸*Kalopanax septemlobus*（Thunb.）Koidz.（图809）、密脉鹅掌柴*Schefflera venulosa*（Wight et Arn.）Harms（图810）、红河鹅掌柴*Schefflera hoi*（Dunn）Viguier（图811）、鹅掌柴*Schefflera octophylla*（Lour.）Harms（图812）、澳洲鹅掌柴*Schefflera actinophylla*（Endl.）Harms（图813）和八角金盘*Fatsia japonica*（Thunb.）Decne. et Planch.（图814）等。

图 795 三七 *Panax notoginseng*（Buurk.）F. H. Chen ex C. Chow et al.

图 796 三七 *Panax notoginseng*（Buurk.）F. H. Chen ex C. Chow et al.

图 797　三七 *Panax notoginseng*（Buurk.）F. H. Chen ex C. Chow et al.

图 798　大叶三七 *Panax major*（Burk.）Ting ex Pei et al.

图 799　大叶三七 *Panax major*（Burk.）Ting ex Pei et al.

图 800　珠子参 *Panax japonicus* C. A. Meyer

图 801　珠子参 *Panax japonicus* C. A. Meyer

图 802　屏边三七 *Panax stipuleanatus* Tsai et Feng ex C. Chow et al.

图 803 姜状三七 *Panax zingiberensis* C. Y. Wu et Feng ex C. Chow et al.

图 804 姜状三七 *Panax zingiberensis* C. Y. Wu et Feng ex C. Chow et al.

图 805 梁王茶 *Nothopanax delavayi* (Franch.) Harms et Diels

图 806 马蹄参 *Diplopanax stachyanthus* Hand.-Mazz.

图 807 楤木 *Aralia chinensis* L.

图 808 常春藤 *Hedera sinensis* Tobl.

图 809　刺楸 *Kalopanax septemlobus*（Thunb.）Koidz.

图 810　密脉鹅掌柴 *Schefflera venulosa*（Wight et Arn.）Harms

图 811　红河鹅掌柴 *Schefflera hoi*（Dunn）Viguier

图 812　鹅掌柴 *Schefflera octophylla*（Lour.）Harms

图 813　澳洲鹅掌柴 *Schefflera actinophylla*（Endl.）Harms

图 814　八角金盘 *Fatsia japonica*（Thunb.）Decne. et Planch.

101. 伞形科 Umbelliferae(Apiaceae)

一年生或多年生草本。直根系。茎直立或匍匐。单叶掌状分裂，或一至多回羽状复叶，互生；叶柄基部扩大成鞘状。伞形花序或复伞形花序，或为头状花序，花序基部有总苞片；花两性或杂性；花萼与子房合生，萼齿5或缺；花瓣5；雄蕊5；子房下位，2室，每室有1倒悬的胚珠。双悬果。伞形科有200余属约3000种，世界分布。中国有近100属500余种。例如，胡萝卜*Daucus carota* L.(图815)、茴香*Foeniculum vulgare* Mill.(图816)、川芎*Ligusticum wallichii* Franch.(图817)、异伞棱子芹*Pleurospermum franchetianum* Hemsl.(图818)、白亮独活*Heracleum candicans* Wall. ex DC.(图819)和白芷*Heracleum moellendorffii* Hance(图820)等。

图 815　胡萝卜 *Daucus carota* L.

图 816　茴香 *Foeniculum vulgare* Mill.

图 817　川芎 *Ligusticum wallichii* Franch.

图 818　异伞棱子芹 *Pleurospermum franchetianum* Hemsl.

图 819　白亮独活 *Heracleum candicans* Wall. ex DC.

图 820　白芷 *Heracleum moellendorffii* Hance

(二) 合瓣花亚纲Sympetalae

102. 山柳科（桤叶木科）Clethraceae

灌木至小乔木，常绿。单叶互生。顶生的总状花序或圆锥花序；花两性，辐射对称；花萼5裂，宿存；花冠喇叭状，顶部5裂；雄蕊10，花药顶孔开裂；子房上位，3室，每室有胚珠多数；花柱顶端3裂。蒴果。山柳科为单型科，有100余种，泛热带分布。中国有15种。例如，华东山柳*Clethra barbinervis* Sieb. et Zucc.(图821)和云南桤叶木*Clethra delavayi* Franch.(图822)等。

图 821　华东山柳 *Clethra barbinervis* Sieb. et Zucc.

图 822　云南桤叶木 *Clethra delavayi* Franch.

103. 杜鹃花科 Ericaceae

灌木至大乔木，常绿。单叶互生；无托叶。花两性，辐射对称；花萼宿存；花冠合瓣，管状或喇叭状，顶部4-5裂；雄蕊为花冠裂片数目的两倍；花药顶孔开裂；子房上位，多室，每室有胚珠多数，中轴胎座。蒴果或浆果。杜鹃花科有50余属1300余种，世界分布，主产东亚和南非。中国有10余属700余种。例如，马缨花

Rhododendron delavayi Franch.（图823-824）、露珠杜鹃*Rhododendron irroratum* Franch.（图825）、映山红*Rhododendron simsii* Planch.（图826）、锦绣杜鹃*Rhododendron pulchrum* Sweet.（图827）、炮仗花杜鹃*Rhododendron spinuliferum* Franch.（图828）、碎米花杜鹃*Rhododendron spiciferum* Franch.（图829）、毛肋杜鹃*Rhododendron augustinii* Hemsl.（图830）、凝毛杜鹃*Rhododendron agglutinatum* Balf. f. et Forrest（图831）、亮叶杜鹃*Rhododendron vernicosum* Franch.（图832）、黄杯杜鹃*Rhododendron wardii* W. W. Smith.（图833）、乳黄杜鹃*Rhododendron lacteum* Franch.（图834）、山生杜鹃*Rhododendron oreotrephes* W. W. Sm.（图835）、云南杜鹃*Rhododendron yunnanense* Franch.（图836）、腋花杜鹃*Rhododendron racemosum* Franch.（图837）、紫蓝杜鹃*Rhododendron russatum* Balf. f. et Forrest（图838）、多色杜鹃*Rhododendron rupicolum* W. W. Smith（图839）、羊踯躅*Rhododendron molle*（Bl.）G. Don（图840）、小白花杜鹃*Rhododendron siderophyllum* Franch.（图841）、大白花杜鹃*Rhododendron decorum* Franch.（图842）、大喇叭杜鹃*Rhododendron excellens* Hemsl. et Wils.（图843）、尖叶杜鹃*Rhododendron oxyphyllum* Franch.（图844）、南烛*Lyonia ovalifolia*（Wall.）Drude（图845）、马醉木*Pieris formosa*（Wall.）D. Don（图846）、厚皮金叶子*Craibiodendron stellatum*（Pierre）W. W. Smith（图847）、滇白珠*Gaultheria yunnanensis*（Franch.）Rehd.（图848）、地檀香*Gaultheria forrestii* Diels（图849）和岩须*Cassiope selaginoides* Hook. f. et Thoms.（图850）等。

图 823　马缨花 *Rhododendron delavayi* Franch.

图 824　马缨花 *Rhododendron delavayi* Franch.

图 825　露珠杜鹃 *Rhododendron irroratum* Franch.

图 826　映山红 *Rhododendron simsii* Planch.

图 827　锦绣杜鹃 *Rhododendron pulchrum* Sweet.

图 828　炮仗花杜鹃 *Rhododendron spinuliferum* Franch.

图 829　碎米花杜鹃 *Rhododendron spiciferum* Franch.

图 830　毛肋杜鹃 *Rhododendron augustinii* Hemsl.

图 831　凝毛杜鹃 *Rhododendron agglutinatum* Balf. f. et Forrest

图 832　亮叶杜鹃 *Rhododendron vernicosum* Franch.

图 833　黄杯杜鹃 *Rhododendron wardii* W. W. Smith.

图 834　乳黄杜鹃 *Rhododendron lacteum* Franch.

图 835　山生杜鹃 *Rhododendron oreotrephes* W. W. Sm.

图 836　云南杜鹃 *Rhododendron yunnanense* Franch.

图 837　腋花杜鹃 *Rhododendron racemosum* Franch.

图 838　紫蓝杜鹃 *Rhododendron russatum* Balf. f. et Forrest

图 839　多色杜鹃 *Rhododendron rupicolum* W. W. Smith

图 840　羊踯躅 *Rhododendron molle*（Bl.）G. Don

图 841　小白花杜鹃 *Rhododendron siderophyllum* Franch.

图 842　大白花杜鹃 *Rhododendron decorum* Franch.

图 843　大喇叭杜鹃 *Rhododendron excellens* Hemsl. et Wils.

图 844　尖叶杜鹃 *Rhododendron oxyphyllum* Franch.

图 845　南烛 *Lyonia ovalifolia*（Wall.）Drude

图 846　马醉木 *Pieris formosa*（Wall.）D. Don

图 847　厚皮金叶子 *Craibiodendron stellatum*（Pierre）W. W. Smith

图 848　滇白珠 *Gaultheria yunnanensis*（Franch.）Rehd.

图 849　地檀香 *Gaultheria forrestii* Diels

图 850　岩须 *Cassiope selaginoides* Hook. f. et Thoms.

104. 越桔科 Vacciniaceae

灌木至小乔木。单叶互生；无托叶。花两性，辐射对称；花萼与子房合生，顶部4-5裂，脱落或宿存；花冠合瓣，坛状，顶端4-5裂；雄蕊通常为花冠裂片数目的两倍；花药孔裂；子房下位，2-10室，胚珠多数，中轴胎座。浆果或核果。越桔科有20余属400余种，世界分布，主产温带。中国有4属70种。例如，乌鸦果 *Vaccinium fragile* Franch.（图851）、大花乌饭树*Vaccinium duclouxii*（Lévl.）Hand.-Mazz.（图852）、荚迷叶越桔*Vaccinium sikkimense* C. B. Clarke（图853）、蓝莓*Vaccinium uliginosum* L.（图854）和红莓*Vaccinium oxycoccos* L.（图855）等。

图 851　乌鸦果 *Vaccinium fragile* Franch.

图 852　大花乌饭树 *Vaccinium duclouxii* （Lévl.）Hand.-Mazz.

图 853　荚迷叶越桔 *Vaccinium sikkimense* C. B. Clarke

图 854　蓝莓 *Vaccinium uliginosum* L.

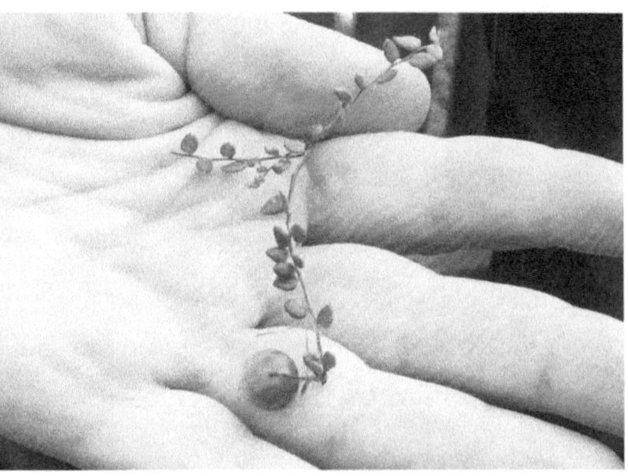

图 855　红莓 *Vaccinium oxycoccos* L.

105. 柿科 Ebenaceae

乔木或灌木。单叶互生；无托叶。花通常单生，单性或杂性，稀两性，辐射对称；花萼3-7，宿存；花冠3-7；雄蕊为花冠裂片数目的2-4倍；子房上位，2至多室，中轴胎座。浆果。柿科有3属500余种，世界分布。中国有1属50余种。例如，柿子*Diospyros kaki* Thunb.（图856）、君迁子*Diospyros lotus* L.（图857）、黑皮柿*Diospyros nigrocortex* C. Y. Wu（图858）和野柿子*Diospyros morrisiana* Hance（图859）等。

图 856　柿子 *Diospyros kaki* Thunb.

图 857　君迁子 *Diospyros lotus* L.

图 858　黑皮柿 *Diospyros nigrocortex* C. Y. Wu

图 859　野柿子 *Diospyros morrisiana* Hance

106. 山榄科 Sapotaceae

灌木至乔木，常有乳汁。单叶互生。花两性，辐射对称；花萼4-8；花冠4-8，合瓣呈短管状；雄蕊常与花冠裂片同数；子房上位，2至多室，每室有1胚珠；柱头常宿存。浆果。山榄科有70余属800余种，泛热带分布。中国有10余属30余种。例如，滇藏榄*Diploknema yunnanensis* D. T. Dao et Z. H. Yang et Q. T. Chang（图860）、锈毛梭子果*Eberhardtia aurata*（Pierre ex Dubard）Lecte.（图861）、长叶紫荆木*Madhuca indica* Gmel.（图862）、蛋黄果*Lucuma nervosa* A. DC.（图863）和神秘果*Synsepalum dulcificum* Denill（图864）等。

图 860　滇藏榄 *Diploknema yunnanensis* D. T. Dao et Z. H. Yang et Q. T. Chang

图 861　锈毛梭子果 *Eberhardtia aurata*（Pierre ex Dubard）Lecte.

图 862　长叶紫荆木 *Madhuca indica* Gmel.

图 863　蛋黄果 *Lucuma nervosa* A. DC.

图 864　神秘果 *Synsepalum dulcificum* Denill

107. 紫金牛科 Myrsinaceae

图 865 朱砂根 *Ardisia crenata* Sims.

小灌木至小乔木，或木质藤本。单叶互生，常有油腺斑点。花两性或单性，辐射对称；花萼联合或分离；花瓣合生；雄蕊着生于花瓣上；子房上位，1室，基生胎座或特立中央胎座，胚珠多数。核果、浆果或蒴果。紫金牛科有30余属约1000种，泛热带分布。中国有6属100余种。例如，朱砂根*Ardisia crenata* Sims.（图865）、紫金牛*Ardisia japonica*（Hornst.）Bl.（图866）和铁仔*Myrsine africana* L.（图867）等。

图 866 紫金牛 *Ardisia japonica*（Hornst.）Bl.

图 867 铁仔 *Myrsine africana* L.

108. 安息香科 Styracaceae

灌木或乔木。单叶互生。总状花序或单生；花两性，辐射对称；花萼4-5裂，钟状或管状；花冠4-8，基部合生；雄蕊常为花冠裂片2倍；子房上位或下位，基部3-5室，上部1室，每室有胚珠1至多数。浆果或核果，或干燥开裂为3果瓣。安息香科有10余属180余种，亚洲和美洲间断分布。中国有9属50余种。例如，脱皮树*Huodendron decorticatum* C. Y. Wu（图868）和鸦头梨*Melliodendron xylocarpum* Hand.-Mazz.（图869-870）等。

图 868 脱皮树 *Huodendron decorticatum* C. Y. Wu

图 869　鸦头梨 *Melliodendron xylocarpum* Hand.-Mazz.

图 870　鸦头梨 *Melliodendron xylocarpum* Hand.-Mazz.

109. 马钱科 Loganiaceae

灌木或乔木，或木质藤本。单叶对生或轮生。聚伞花序、总状花序、圆锥花序、头状花序或穗状花序；花两性，辐射对称；花萼4-5裂；花冠合瓣，顶端4-5裂；雄蕊与花冠裂片同数；子房上位，2室，每室有2胚珠。蒴果、浆果或核果。马钱科有30余属700余种，世界分布。中国有9属60余种。例如，马钱*Strychnos nux-vomica* L.(图871)、蜜蒙花*Buddleja officinalis* Maxim.(图872)、大序醉鱼草*Buddleja macrostachya* Benth.(图873)、驳骨丹*Buddleja asiatica* Lour.(图874)和巴东醉鱼草*Buddleja albiflora* Hemsl.(图875)、灰莉*Fagraea sasakii* Hayata(图876)等。

图 871　马钱 *Strychnos nux-vomica* L.

图 872　蜜蒙花 *Buddleja officinalis* Maxim.

图 873　大序醉鱼草 *Buddleja macrostachya* Benth.

图 874　驳骨丹 *Buddleja asiatica* Lour.

图 875　巴东醉鱼草 *Buddleja albiflora* Hemsl.

图 876　灰莉 *Fagraea sasakii* Hayata

110. 木樨科 Oleaceae

乔木、灌木或木质藤本。单叶或羽状复叶，对生。圆锥花序或聚伞花序；花辐射对称；花萼4裂；花冠4裂；雄蕊2；子房上位，2室，每室有2胚珠。核果、蒴果、浆果或翅果。木樨科有20余属600余种，世界分布。中国有10余属100余种。例如，桂花 *Osmanthus fragrans* Lour.（图877-878）、茉莉花*Jasminum sambac*（L.）Aiton（图879）、迎春花*Jasminum nudiflorum* Lindl.（图880）、女贞*Ligustrum lucidum* Ait.（图881）、山丁香 *Syringa pekinensis* Rupr.（图882）、油橄榄*Olea europaea* L.（图883）和梣*Fraxinus chinensis* Roxb.（图884）等。

图 877　桂花 *Osmanthus fragrans* Lour.

图 878　桂花 *Osmanthus fragrans* Lour.

图 879　茉莉花 *Jasminum sambac*（L.）Aiton

图 880　迎春花 *Jasminum nudiflorum* Lindl.

图 881　女贞 *Ligustrum lucidum* Ait.

图 882　山丁香 *Syringa pekinensis* Rupr.

图 883　油橄榄 *Olea europaea* L.

图 884　梣 *Fraxinus chinensis* Roxb.

111. 夹竹桃科 Apocynaceae

草本、灌木、乔木或藤本，有乳汁。单叶，对生或轮生。花单生或聚伞花序；花两性，辐射对称；花萼5裂；花冠合瓣，顶端5裂，裂片旋转排列；雄蕊5，着生于花冠上；花药呈箭头形；花粉颗粒状；子房上位，1-2室，或离生心皮2。蓇葖果、浆果、核果或蒴果。种子常有种毛。夹竹桃科有200余属2000余种，泛热带分布。中国有40余属100余种。例如，夹竹桃*Nerium indicum* Mill.(图885)、富宁藤*Parepigynum funingense* Tsiang et P. T. Li(图886)、清明花*Beaumontia grandiflora* Wall.(图887)、软枝黄蝉*Allemanda cathartica* L.(图888)、鸡蛋花*Plumeria rubra* L.(图889-890)、红皱藤*Mandevilla amabilis*（Backh. et Backh. f.）Dress(图891)、云南山橙*Melodinus yunnanensis* Tsiang et P. T. Li(图892)、糖胶树*Alstonia scholaris*（L.）R. Br.(图893)和非洲霸王树*Pachypodium lamerei* Drake(图894)等。

图 885　夹竹桃 *Nerium indicum* Mill.

图 886　富宁藤 *Parepigynum funingense* Tsiang et P. T. Li

图 887　清明花 *Beaumontia grandiflora* Wall.

图 888　软枝黄蝉 *Allemanda cathartica* L.

图 889　鸡蛋花 *Plumeria rubra* L.

图 890　鸡蛋花 *Plumeria rubra* L.

图 891　红皱藤 *Mandevilla amabilis*（Backh. et Backh. f.）Dress

图 892　云南山橙 *Melodinus yunnanensis* Tsiang et P. T. Li

图 893　糖胶树 *Alstonia scholaris*（L.）R. Br.

图 894　非洲霸王树 *Pachypodium lamerei* Drake

112. 萝藦科 Asclepiadaceae

草本、藤本或灌木，有乳汁。单叶，对生或轮生。聚伞花序或总状花序；花两性，辐射对称；花萼5裂，裂片覆瓦状或镊合状排列；花冠合瓣，顶端5裂，裂片覆瓦状或镊合状排列；雄蕊5，与雌蕊合生，称合蕊冠(gynostegium)；花丝合生成筒或离生；花药连生成一环状；花粉合生成块状，称花粉块；子房上位，具离生心皮2。果为2个蓇葖果。种子有种毛。萝藦科有180余属2200余种，世界分布。中国有40余属250余种。例如，萝芙木*Rauvolfia verticillata*（Lour.）Baill.(图895)、南山藤*Dregea volubilis*（L. f.）Benth. ex Hook. f.(图896)、牛角瓜*Calotropis gigantea*（L.）Dryand. ex Ait. f.(图897)、球兰*Hoya carnosa*（L. f.）R. Br.(图898)和通光散*Marsdenia tenacissima*（Roxb.）Moon(图899)等。

图 895　萝芙木 *Rauvolfia verticillata*（Lour.）Baill.

图 896　南山藤 *Dregea volubilis*（L. f.）Benth. ex Hook. f.

图 897　牛角瓜 *Calotropis gigantea*（L.）Dryand. ex Ait. f.

图 898　球兰 *Hoya carnosa*（L. f.）R. Br.

图 899　通光散 *Marsdenia tenacissima*（Roxb.）Moon

113. 茜草科 Rubiaceae

草本、灌木或乔木，或藤本。单叶，对生或轮生；有叶间托叶。花序多样；花两性，辐射对称；花萼与子房合生；花冠合瓣，通常4-5裂；雄蕊与花冠裂片同数；子房下位，1至多室，每室有胚珠1至多数。果为蒴果、浆果或核果。茜草科有500余属6000余种，世界分布，以泛热带为其主要分布区。中国有70余属约500种。例如，香果树*Emmenopterys henryi* Oliv.（图900）、丁茜 *Trailliaedoxa gracilis* W. W. Smith et Forr.（图901）、高山水锦树*Wendlandia subalpina* W. W. Smith（图902）、滇丁香*Luculia pinceana* Hook. f.（图903）、裂果金花*Schizomussaenda dehiscens*（Craib.）H. L. Li（图904）、玉叶金花*Mussaenda macrophylla* Wall.（图905）、红叶金花*Mussaenda erythrophylla* Schum. et Thonn.（图906）、龙船花*Ixora chinensis* Lam.（图907）、小粒咖啡*Coffea arabica* L.（图908）、铁屎米*Canthium parvifolium* Roxb.（图909）、团花树*Anthocephalus chinensis*（Lam.）Rich. ex Walp.（图910）、大叶钩藤*Uncaria macrophylla* Wall.（图911）、土连翘*Hymenodictyon excelsum*（Roxb.）Wall.（图912）和希茉莉*Hamelia patens* Hance（图913）等。

图 900　香果树 *Emmenopterys henryi* Oliv.

图 901　丁茜 *Trailliaedoxa gracilis* W. W. Smith et Forr.

图 902　高山水锦树 *Wendlandia subalpina* W. W. Smith

图 903　滇丁香 *Luculia pinceana* Hook. f.

图 904　裂果金花 *Schizomussaenda dehiscens* (Craib.) H. L. Li

图 905　玉叶金花 *Mussaenda macrophylla* Wall.

图 906　红叶金花 *Mussaenda erythrophylla* Schum. et Thonn.

图 907　龙船花 *Ixora chinensis* Lam.

图 908　小粒咖啡 *Coffea arabica* L.

图 909　铁屎米 *Canthium parvifolium* Roxb.

图 910　团花树 *Anthocephalus chinensis* (Lam.) Rich. ex Walp.

图 911　大叶钩藤 *Uncaria macrophylla* Wall.

图 912　土连翘 *Hymenodictyon excelsum* (Roxb.) Wall.

图 913　希茉莉 *Hamelia patens* Hance

114. 忍冬科 Caprifoliaceae

灌木或小乔木。单叶或羽状复叶，对生；无托叶。花两性，辐射对称或两侧对称；花萼4-5裂；花冠管状，顶端4-5裂；雄蕊与花冠裂片同数；子房下位，1-5室，每室有胚珠1至多数。果为浆果、蒴果、瘦果或核果。忍冬科有10余属400余种，世界分布，以温带为其主要分布区。中国有10余属200余种。例如，华北忍冬*Lonicera tatarinowii* Maxim.(图914)、金银花*Lonicera japonica* Thunb.(图915)、宽叶荚蒾*Viburnum amplifolium* Rehd.(图916)、金山荚蒾*Viburnum chinshanense* Graebn.(图917)、臭荚蒾*Viburnum foetidum* Wall.(图918)、桦叶荚蒾*Viburnum betulifolium* Batal.(图919)、蝟实*Kolkwitzia amabilis* Graebn.(图920)、血满草*Sambucus adnata* Wall.(图921)和鬼吹箫*Leycesteria formosa* Wall.(图922)等。

图 914　华北忍冬 *Lonicera tatarinowii* Maxim.

图 915　金银花 *Lonicera japonica* Thunb.

图 916　宽叶荚蒾 *Viburnum amplifolium* Rehd.

图 917　金山荚蒾 *Viburnum chinshanense* Graebn.

图 918　臭荚蒾 *Viburnum foetidum* Wall.

图 919　桦叶荚蒾 *Viburnum betulifolium* Batal.

图 920　蝟实 *Kolkwitzia amabilis* Graebn.

图 921　血满草 *Sambucus adnata* Wall.

图 922　鬼吹箫 *Leycesteria formosa* Wall.

115. 菊科 Compositae（Asteraceae）

绝大多数为草本，极少数为灌木或木质藤本，罕为乔木。单叶或复叶，互生或对生。头状花序；花两性或单性，分舌状花和管状花；雄蕊4-5；子房下位，1室，具1胚珠。果为瘦果，顶端有刺芒状冠毛等。菊科是世界被子植物四大科之一，有1000余属20 000余种，世界广布。中国有200余属2000余种。例如，向日葵*Helianthus annuus* L.（图923）、洋姜*Helianthus tuberosus* L.（图924）、肿柄菊*Tithonia diversifolia* A. Gray（图925）、大丽菊*Dahlia pinnata* Cav.（图926）、金光菊*Rudbeckia laciniata* L.（图927）、波斯菊*Cosmos bipinnata* Cav.（图928）、万寿菊*Tagetes erecta* L.（图929）、孔雀草*Tagetes patula* L.（图930）、蒲公英*Taraxacum mongolicum* Hand.-Mazz.（图931）、菊薯*Smallanthus sonchifolius*（Poepp. et Endl.）H. Robinson（图932）、穿叶松香草*Silphium perfoliatum* L.（图933）、粉绿茎泽兰*Eupatorium purpureum* L.（图934）、紫茎泽兰*Eupatorium adenophorum* Spreng.（图935）、飞机草*Eupatorium odoratum* L.（图936）、一枝黄花*Solidago canadensis* L.（图937）、美洲蟛蜞菊*Wedelia trilobata*（L.）Hitchc.（图938）、百日菊*Zinnia elegans* Jacq.（图939）、灯盏花*Erigeron breviscapus*（Van.）

Hand.-Mazz.（图940）、鬼针草*Bidens bipinnata* L.（图941）、莴苣*Lactuca sativa* L.（图942）、革命菜*Crassocephalum crepidioides*（Benth.）S. Moore（图943）、斑鸠菊*Vernonia esculenta* Hemsl.（图944）、菊花*Dendranthema morifolium*（Ramat.）Tzvel.（图945）、野菊花*Dendranthema indicum*（L.）Des Monl.（图946）、羽裂蟹甲草*Cacalia tangutica*（Franch.）Hand.-Mazz.（图947）、乾岩子橐吾*Ligularia kanaitzensis*（Franch.）Hand.-Mazz.（图948）、清明草*Gnaphalium affine* D. Don（图949）、蒲儿根*Sinosenecio oldhamianus*（Maxim.）B. Nord（图950）、菊状千里光*Senecio chrysanthemoides* DC.（图951）、千里光*Senecio scandens* Buch.-Ham.（图952）、密花千里光*Senecio densiflorus* Wall.（图953）、白牛胆*Inula cappa*（Buch.-Ham.）DC.（图954）、大理风毛菊*Saussurea delavayi* Franch.（图955）、钩苞大丁草*Gerbera delavayi* Franch.（图956）、红花*Carthamus tinctorius* L.（图957）和栌菊木*Nouelia insignis* Franch.（图958）等。

图 923　向日葵 *Helianthus annuus* L.

图 924　洋姜 *Helianthus tuberosus* L.

图 925　肿柄菊 *Tithonia diversifolia* A. Gray

图 926　大丽菊 *Dahlia pinnata* Cav.

图 927　金光菊 *Rudbeckia laciniata* L.

图 928　波斯菊 *Cosmos bipinnata* Cav.

图 929　万寿菊 *Tagetes erecta* L.

图 930　孔雀草 *Tagetes patula* L.

图 931　蒲公英 *Taraxacum mongolicum* Hand.-Mazz.

图 932　菊薯 *Smallanthus sonchifolius*（Poepp. et Endl.）H. Robinson

图 933　穿叶松香草 *Silphium perfoliatum* L.

图 934　粉绿茎泽兰 *Eupatorium purpureum* L.

图 935　紫茎泽兰 *Eupatorium adenophorum* Spreng.

图 936　飞机草 *Eupatorium odoratum* L.

图 937　一枝黄花 *Solidago canadensis* L.

图 938　美洲蟛蜞菊 *Wedelia trilobata*（L.）Hitchc.

图 939　百日菊 *Zinnia elegans* Jacq.

图 940　灯盏花 *Erigeron breviscapus*（Van.）Hand.-Mazz.

图 941　鬼针草 *Bidens bipinnata* L.

图 942　莴苣 *Lactuca sativa* L.

图 943　革命菜 *Crassocephalum crepidioides*（Benth.）S. Moore

图 944　斑鸠菊 *Vernonia esculenta* Hemsl.

图 945 菊花 *Dendranthema morifolium*（Ramat.）Tzvel.

图 946 野菊花 *Dendranthema indicum*（L.）Des Monl.

图 947 羽裂蟹甲草 *Cacalia tangutica*（Franch.）Hand.-Mazz.

图 948 乾岩子橐吾 *Ligularia kanaitzensis*（Franch.）Hand.-Mazz.

图 949 清明草 *Gnaphalium affine* D. Don

图 950 蒲儿根 *Sinosenecio oldhamianus*（Maxim.）B. Nord

图 951　菊状千里光 *Senecio chrysanthemoides* DC.

图 952　千里光 *Senecio scandens* Buch.-Ham.

图 953　密花千里光 *Senecio densiflorus* Wall.

图 954　白牛胆 *Inula cappa*（Buch.-Ham.）DC.

图 955　大理风毛菊 *Saussurea delavayi* Franch.

图 956　钩苞大丁草 *Gerbera delavayi* Franch.

图 957　红花 *Carthamus tinctorius* L.

图 958　栌菊木 *Nouelia insignis* Franch.

116. 龙胆科 Gentianaceae

一年生或多年生草本。单叶对生或轮生。腋生或顶生的聚伞花序；花两性，辐射对称；花萼管状，萼檐4-12裂；花冠合瓣，冠檐常4-5裂，稀6-12裂；雄蕊与花冠同数；子房上位，1室，侧膜胎座，胚珠多数。蒴果。龙胆科有80余属900余种，世界广布，但北温带最多。中国有10余属300余种。例如，头花龙胆 *Gentiana cephalantha* Franch. ex Hemsl.（图959）、青叶胆*Swertia yunnanensis* Burk.（图960）、西藏獐牙菜*Swertia tibetica* Batal.（图961）、大花蔓龙胆*Crawfurdia angustata* C. B. Clarke（图962）和金不换 *Veratrilla baillonii* Franch.（图963）等。

图 959　头花龙胆 *Gentiana cephalantha* Franch. ex Hemsl.

图 960　青叶胆 *Swertia yunnanensis* Burk.

图 961　西藏獐牙菜 *Swertia tibetica* Batal.

图 962　大花蔓龙胆 *Crawfurdia angustata* C. B. Clarke

图 963　金不换 *Veratrilla baillonii* Franch.

117. 睡菜科 Menyanthaceae

浮叶扎根植物或沼生植物。根状茎匍匐状。单叶或3小叶，互生或基生。花萼5裂；花冠5裂；雄蕊5；子房上位，1室，侧膜胎座，胚珠多数。蒴果。睡菜科有5属20余种，广布世界淡水水域。中国有2属6种。例如，荇菜*Nymphoides peltatum*（Gmel.）O. Kuntze（图964）和金银莲花*Nymphoides indica*（L.）O. Kuntze（图965）等。

图 964　荇菜 *Nymphoides peltatum*（Gmel.）O. Kuntze

图 965　金银莲花 *Nymphoides indica*（L.）O. Kuntze

118. 报春花科 Primulaceae

一年生或多年生草本。单叶对生或轮生，或基生。腋生或顶生的总状花序、圆锥花序、轮伞花序或穗状花序；花两性，辐射对称；花萼5裂；花冠5裂；雄蕊5；子房上位，1室，特立中央胎座，胚珠多数。蒴果。报春花科有20余属800余种，世界广布，但北温带最多。中国有10余属约500种。例如，偏花报春*Primula secundiflora* Franch.（图966）、锡金报春*Primula sikkimensis* Hook.（图967）、穗花报春*Primula deflexa* Duthie

（图968）、玉葶报春*Primula chionantha* Balf. f. et Forrest（图969）、石灰岩报春*Primula forrestii* Balf. f.（图970）和过路黄*Lysimachia christinae* Hance（图971）等。

图 966　偏花报春 *Primula secundiflora* Franch.

图 967　锡金报春 *Primula sikkimensis* Hook.

图 968　穗花报春 *Primula deflexa* Duthie

图 969　玉葶报春 *Primula chionantha* Balf. f. et Forrest

图 970　石灰岩报春 *Primula forrestii* Balf. f.

图 971　过路黄 *Lysimachia christinae* Hance

119. 桔梗科 Campanulaceae

直立或缠绕草本，常有乳汁。单叶互生、对生或轮生。花两性，辐射对称；花萼4-5裂；花冠4-5裂；雄蕊4-6；子房下位，4-5室，中轴胎座，胚珠多数。蒴果或浆果。桔梗科有50余属1000余种，世界广布，北温带最多。中国有10余属100余种。例如，桔梗*Platycodon grandiflorus*（Jacq.）A. DC.（图972）、臭参*Codonopsis micrantha* Chipp.（图973）、大花金钱豹*Campanumoea javanica* Bl.（图974-975）、美丽蓝钟花*Cyananthus formosus* Diels（图976）和野烟*Lobelia seguinii* Lévl. et Vant.（图977）等。

图 972　桔梗 *Platycodon grandiflorus*（Jacq.）A. DC.

图 973　臭参 *Codonopsis micrantha* Chipp.

图 974　大花金钱豹 *Campanumoea javanica* Bl.

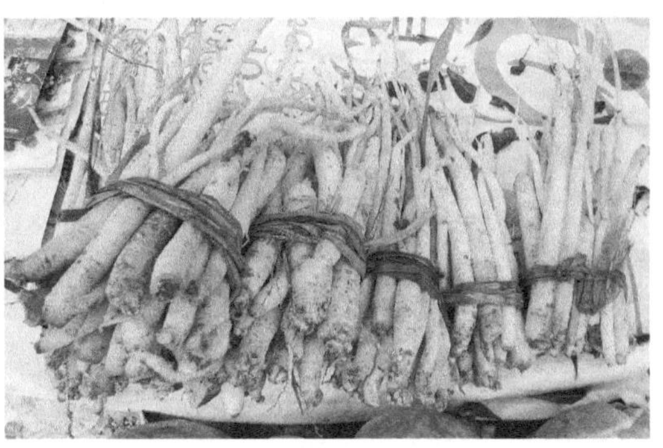

图 975　大花金钱豹 *Campanumoea javanica* Bl.

图 976　美丽蓝钟花 *Cyananthus formosus* Diels

图 977　野烟 *Lobelia seguinii* Lévl. et Vant.

120. 紫草科 Boraginaceae

草本、灌木或乔木。单叶互生。蝎尾状总状花序或聚伞花序；花两性，辐射对称；花萼5裂；花冠5裂；雄蕊5；子房上位，由2心皮构成，每心皮有2胚珠。四分坚果。紫草科有100余属2000余种，世界广布。中国有50余属200余种。例如，滇厚壳树*Ehretia corylifolia* C. H. Wright（图978）、厚壳树*Ehretia thyrsiflora*（Sieb. et Zucc.）Nakai（图979）和狗屎蓝花*Cynoglossum amabile* Stapf et Drumm.（图980）等。

图 978　滇厚壳树 *Ehretia corylifolia* C. H. Wright

图 979　厚壳树 *Ehretia thyrsiflora* (Sieb. et Zucc.) Nakai

图 980　狗屎蓝花 *Cynoglossum amabile* Stapf et Drumm.

121. 茄科 Solanaceae

草本、灌木或小乔木。单叶互生。花单生或聚伞花序；花两性，辐射对称；花萼5裂，常宿存；花冠5裂；雄蕊5；子房上位，2室，中轴胎座，胚珠多数。浆果或蒴果。茄科有70余属2000余种，世界广布。中国有20余属100余种。例如，茄子*Solanum melongena* L.（图981）、马铃薯*Solanum tuberosum* L.（图982）、龙葵*Solanum nigrum* L.（图983）、烟草*Nicotiana tabacum* L.（图984-985）、枸杞*Lycium chinense* Mill.（图986）、树番茄*Cyphomandra betacea* Sendtn.（图987）、辣椒*Capsicum annuum* L.（图988）、番茄*Lycopersicon esculentum* Mill.（图989）、酸浆*Physalis alkekengi* L.（图990）、假酸浆*Nicandra physaloides*（L.）Gaertn.（图991）、曼陀罗*Datura stramonium* L.（图992）、木本曼陀罗*Brugmansia arborea*（L.）Steud.（图993）和矮牵牛*Petunia hybrida* Vilm.（图994）等。

图 981　茄子 *Solanum melongena* L.

图 982　马铃薯 *Solanum tuberosum* L.

图 983　龙葵 *Solanum nigrum* L.

图 984　烟草 *Nicotiana tabacum* L.

图 985　烟草 *Nicotiana tabacum* L.

图 986　枸杞 *Lycium chinense* Mill.

图 987　树番茄 *Cyphomandra betacea* Sendtn.

图 988　辣椒 *Capsicum annuum* L.

图 989　番茄 *Lycopersicon esculentum* Mill.

图 990　酸浆 *Physalis alkekengi* L.

图 991　假酸浆 *Nicandra physaloides*（L.）Gaertn.

图 992　曼陀罗 *Datura stramonium* L.

图 993　木本曼陀罗 *Brugmansia arborea*（L.）Steud.

图 994　矮牵牛 *Petunia hybrida* Vilm.

122. 旋花科 Convolvulaceae

草质或木质藤本，常有乳汁。单叶互生。花两性，辐射对称；花萼5裂，宿存；花冠合瓣，钟状或喇叭状；雄蕊5；子房上位，2室，每室有2胚珠。蒴果。旋花科有50余属约2000种，世界广布。中国有20余属100余种。例如，裂叶牵牛花*Pharbitis nil*（L.）Choisy（图995）、圆叶牵牛*Pharbitis purpurea*（L.）Voigt（图996）、七爪龙*Ipomoea digitata* L.（图997）、空心菜*Ipomoea aquatica* Forsk.（图998）和菟丝子*Cuscuta chinensis* Lam.（图999）等。

图 995　裂叶牵牛花 *Pharbitis nil*（L.）Choisy

图 996　圆叶牵牛 *Pharbitis purpurea*（L.）Voigt

图 997　七爪龙 *Ipomoea digitata* L.

图 998　空心菜 *Ipomoea aquatica* Forsk.

图 999　菟丝子 *Cuscuta chinensis* Lam.

123. 玄参科 Scrophulariaceae

草本、灌木或大乔木。叶互生、对生或轮生，单叶或羽裂至羽状。花序多样；花两性，左右对称；花萼4-5浅裂，宿存；花冠合瓣，冠檐常4-5裂，裂片不等大或略呈二唇形；雄蕊4，2长2短；子房上位，不完全2室，每室有胚珠多数。蒴果或浆果。玄参科有200余属3000余种，世界广布。中国有60余属600余种。例如，地黄*Rehmannia glutinosa* Libosch.（图1000）、泡桐*Paulownia fortunei*（Seem.）Hemsl.（图1001）、大王马先蒿*Pedicularis rex* C. B. Clarke ex Maxim.（图1002）和毛蕊草*Verbascum thapsus* L.（图1003）等。

图 1000　地黄 *Rehmannia glutinosa* Libosch.

图 1001　泡桐 *Paulownia fortunei*（Seem.）Hemsl.

图 1002　大王马先蒿 *Pedicularis rex* C. B. Clarke ex Maxim.

图 1003　毛蕊草 *Verbascum thapsus* L.

124. 苦苣苔科 Gesneriaceae

土生或附生的草本或小灌木，罕为乔木。单叶，对生或基生。花单生或聚伞花序；花两性，左右对称；花萼管状，5裂；花冠合瓣，顶端5裂，略呈二唇形；雄蕊4，着生于花冠上，2长2短；子房上位或下位，1-4室，胚珠多数，侧膜胎座。蒴果，果瓣常旋卷。苦苣苔科有100余属2000余种，世界广布。中国有58属400余种。例如，芒毛苣苔*Aeschynanthus bracteatus* Wall. ex A. DC.（图1004）等。

图 1004　芒毛苣苔 *Aeschynanthus bracteatus* Wall. ex A. DC.

125. 紫葳科 Bignoniaceae

高大乔木、灌木或木质藤本。单叶或复叶，对生。圆锥花序或总状花序；花两性，左右对称；花萼管状，平截或齿裂；花冠合瓣，钟状至漏斗状，顶端4-5裂，呈二唇形；发育雄蕊4，退化雄蕊1-3，均生于花冠上；子房上位，1或2室，1室者为侧膜胎座，2室者为中轴胎座，胚珠多数。蒴果。种子常有翅或有毛。紫葳科有100余属600余种，泛热带广布。中国有20属50余种。例如，凌霄*Campsis grandiflora*（Thunb.）Loisel. ex K. Schum.（图1005）、楸木*Catalpa bungei* C. A. Mey.（图1006）、滇楸*Catalpa duclouxii* Dode（图1007）、梓树*Catalpa ovata* G. Don（图1008）、黄金树*Catalpa speciosa*（Warder ex Barney）Engel.（图1009）、蒜香藤*Pseudocalymma alliaceum*（Lam.）Sandwith.（图1010）、两头毛*Incarvillea arguta*（Royle）Royle（图1011）、川滇角蒿*Incarvillea mairei*（Levl.）Grierson（图1012）、中甸角蒿*Incarvillea zhongdianensis* Grey-Wilson（图1013）、千张纸*Oroxylum indicum*（L.）Kurz（图1014）、蓝花楹*Jacaranda mimosifolia* D. Don（图1015）、火焰树*Spathodea campanulata* Beauv.（图1016）、火烧花*Mayodendron igneum*（Kurz）Kurz（图1017）、菜豆树*Radermachera sinica*（Hance）Hemsl.（图1018）、黄钟花*Stenolobium stans*（L.）Seem.（图1019）、炮仗花*Pyrostegia venusta*（Ker-Gawl.）Miers（图1020）和炮弹果*Crescentia cujete* L.（图1021）等。

图 1005　凌霄 *Campsis grandiflora*（Thunb.）Loisel. ex K. Schum.

图 1006　楸木 *Catalpa bungei* C. A. Mey.

图 1007　滇楸 *Catalpa duclouxii* Dode

图 1008　梓树 *Catalpa ovata* G. Don

图 1009　黄金树 *Catalpa speciosa* (Warder ex Barney) Engel.

图 1010　蒜香藤 *Pseudocalymma alliaceum* (Lam.) Sandwith.

图 1011　两头毛 *Incarvillea arguta* (Royle) Royle

图 1012　川滇角蒿 *Incarvillea mairei* (Levl.) Grierson

图 1013　中甸角蒿 *Incarvillea zhongdianensis* Grey-Wilson

图 1014　千张纸 *Oroxylum indicum*（L.）Kurz

图 1015　蓝花楹 *Jacaranda mimosifolia* D. Don

图 1016　火焰树 *Spathodea campanulata* Beauv.

图 1017　火烧花 *Mayodendron igneum*（Kurz）Kurz

图 1018　菜豆树 *Radermachera sinica*（Hance）Hemsl.

图 1019 黄钟花 *Stenolobium stans* (L.) Seem.

图 1020 炮仗花 *Pyrostegia venusta* (Ker-Gawl.) Miers

图 1021 炮弹果 *Crescentia cujete* L.

126. 胡麻科 Pedaliaceae

草本植物。单叶对生或上部的互生。单生于叶腋或为顶生的总状花序；花两性，左右对称；花萼4-5裂；花冠管状，5裂，略呈二唇形；雄蕊4，2长2短；子房上位，稀下位，2-4室，胚珠多数。蒴果。胡麻科有18属60种，旧大陆热带广布。中国有2属2种。例如，芝麻*Sesamum indicum* L. (图1022)等。

图 1022 芝麻 *Sesamum indicum* L.

127. 爵床科 Acanthaceae

草本或灌木，稀木质藤本。单叶对生；无托叶。花单生或为各式花序；花两性，左右对称；花萼之外有苞片；花萼4-5裂；花冠合瓣，顶端5裂，呈二唇形；雄蕊2或

4；子房上位，2室，胚珠1至多数，中轴胎座。蒴果。爵床科有250余属2500余种，泛热带广布。中国有60属约200种。例如，虾蟆花*Acanthus mollis* L.（图1023）、假杜鹃*Barleria cristata* L.（图1024）、穿心莲*Andrographis paniculata*（Burm. f.）Nees（图1025）和观音茶*Peristrophe baphica*（Spreng.）Bremek.（图1026）等。

图 1023　虾蟆花 *Acanthus mollis* L.

图 1024　假杜鹃 *Barleria cristata* L.

图 1025　穿心莲 *Andrographis paniculata* (Burm. f.) Nees

图 1026　观音茶 *Peristrophe baphica* (Spreng.) Bremek.

128. 马鞭草科 Verbenaceae

灌木或乔木，稀草本。单叶或羽状复叶，对生或轮生。花序各式；花两性，左右对称；花萼4-5裂；花冠合瓣，4-5裂，呈二唇形；雄蕊4，2长2短，着生于花冠上；子房上位，由2-5心皮组成，2-5室，因有假隔膜而呈4-10室，每室有1胚珠。核果或浆果。马鞭草科有70余属3000余种，泛热带广布。中国有20余属约200种。例如，圆锥大青*Clerodendrum paniculatum* L.（图1027）、臭牡丹*Clerodendrum bungei* Steud.（图1028）、三对节*Clerodendrum serratum*（L.）Spreng.（图1029）、柚木*Tectona grandis* L. f.（图1030）、黄荆*Vitex negundo* L.（图1031）、假连翘*Duranta repens* L.（图1032）和五色梅*Lantana camara* L.（图1033）等。

图 1027 圆锥大青 *Clerodendrum paniculatum* L.

图 1028 臭牡丹 *Clerodendrum bungei* Steud.

图 1029 三对节 *Clerodendrum serratum*（L.）Spreng.

图 1030 柚木 *Tectona grandis* L. f.

图 1031 黄荆 *Vitex negundo* L.

图 1032 假连翘 *Duranta repens* L.

图 1033　五色梅 *Lantana camara* L.

129. 唇形科 Labiatae (Lamiaceae)

草本或灌木，稀乔木，有香味。茎通常四棱形。单叶，对生或轮生。轮伞花序、聚伞花序、穗状花序、总状花序、头状花序等花序各式；花两性，两侧对称；花萼合生，唇形，4-5裂，宿存；花冠合瓣，冠檐5裂，唇形；雄蕊4，二强；花盘发达；子房上位，由2心皮组成，因每心皮再2分裂而呈假4室，每室有1胚珠。四分坚果，每坚果有1种子。唇形科有200余属3500余种，世界广布。中国约100属近1000种。例如，一串红*Salvia splendens* Ker-Gawl.（图1034）、墨西哥鼠尾*Salvia leucantha* Cav.（图1035）、滇丹参*Salvia yunnanensis* C. H. Wright（图1036）、藿香*Agastache rugosa* Kuntze（图1037）、苏子*Perilla frutescens* (L.) Britton（图1038）、滇黄芩*Scutellaria amoena* C. H. Wright（图1039）、猫须草*Clerodendranthus spicatus* (Thunb.) C. Y. Wu（图1040）、益母草*Leonurus heterophyllus* Sweet（图1041）、火把花*Colquhounia coccinea* Wall.（图1042）、寸金草*Clinopodium megalanthum* (Diels) H. W. Li（图1043）、香薷*Elsholtzia ciliata* (Thunb.) Hyland（图1044）、鸡骨柴*Elsholtzia fruticosa* (D. Don) Rehd.（图1045）、野拔子*Elsholtzia rugulosa* Hemsl.（图1046）、大黄药*Elsholtzia penduliflora* W. W. Smith（图1047）、东紫苏*Elsholtzia bodinieri* Vaniot（图1048）、头花香薷*Elsholtzia capituligera* C. Y. Wu（图1049）、灯笼花*Leucas mollissima* Wall.（图1050）和迷迭香*Rosmarinus officinalis* L.（图1051）等。

图 1034　一串红 *Salvia splendens* Ker-Gawl.

图 1035　墨西哥鼠尾 *Salvia leucantha* Cav.

图 1036　滇丹参 *Salvia yunnanensis* C. H. Wright

图 1037　藿香 *Agastache rugosa* Kuntze

图 1038　苏子 *Perilla frutescens*（L.）Britton

图 1039　滇黄芩 *Scutellaria amoena* C. H. Wright

图 1040　猫须草 *Clerodendranthus spicatus*（Thunb.）C. Y. Wu

图 1041　益母草 *Leonurus heterophyllus* Sweet

图 1042　火把花 *Colquhounia coccinea* Wall.

图 1043　寸金草 *Clinopodium megalanthum* (Diels) H. W. Li

图 1044　香薷 *Elsholtzia ciliata* (Thunb.) Hyland

图 1045　鸡骨柴 *Elsholtzia fruticosa* (D. Don) Rehd.

图 1046　野拔子 *Elsholtzia rugulosa* Hemsl.

图 1047　大黄药 *Elsholtzia penduliflora* W. W. Smith

图 1048 东紫苏 *Elsholtzia bodinieri* Vaniot

图 1049 头花香薷 *Elsholtzia capituligera* C. Y. Wu

图 1050 灯笼花 *Leucas mollissima* Wall.

图 1051 迷迭香 *Rosmarinus officinalis* L.

二、单子叶植物纲 Monocotyledonopsida

(一) 花萼亚纲Calyciferae

130. 水鳖科 Hydrocharitaceae

水生草本。单叶，线形、条形或卵形。花单性，同株或异株，排列于佛焰苞内；雄花常多数；雌花常单生；花被1-2列，每列3片；雄蕊3至多数；子房下位，1室，胚珠多数，侧膜胎座。果球形，不规则破裂。水鳖科有16属80种，世界分布。例如，海菜花*Ottelia acuminata* (Gagnep.) Dandy（图1052）等。

图 1052 海菜花 *Ottelia acuminata* (Gagnep.) Dandy

131. 泽泻科 Alismataceae

水生或沼生草本。有根状茎或块茎。叶常基生，形态多变。花两性或杂性；轮生于花茎上；花萼3；花瓣3；雄蕊6至多数；雌蕊由6至多数心皮构成，故该科被称为水生多心皮类，子房上位，每心皮有1-2胚珠，发育为一瘦果。泽泻科有13属90余种，世界分布。例如，慈姑*Sagittaria sagittifolia* L.（图1053）和泽泻*Alisma orientale*（Sam.）Juzep.（图1054）等。

图 1053　慈姑 *Sagittaria sagittifolia* L.

图 1054　泽泻 *Alisma orientale*（Sam.）Juzep.

132. 凤梨科 Bromeliaceae

陆生或附生草本。茎短。叶剑形，常基生，莲座状排列，叶基鞘状。顶生头状、穗状或圆锥花序，花序苞片通常明显且具颜色；花两性，辐射对称或左右对称；花萼3；花瓣3；雄蕊6；子房下位或半下位，3室，每室有胚珠多数，中轴胎座。浆果或蒴果，被宿存的花萼，或为聚花果。凤梨科有40余属1400余种，热带美洲特有分布。例如，菠萝*Ananas comosus*（L.）Merr.（图1055）、红凤梨*Ananas bracteatus*（Lindl.）Schult.（图1056）和凤梨*Guzmania lingulata*（L.）Mez（图1057）等。

图 1055　菠萝 *Ananas comosus*（L.）Merr.

图 1056　红凤梨 *Ananas bracteatus*（Lindl.）Schult.

图 1057 凤梨 *Guzmania lingulata* (L.) Mez

133. 芭蕉科 Musaceae

大型草本。具根状茎和地上假茎，地上假茎由叶鞘层层包叠而成。叶片大，具粗壮中脉和多数平行横脉。大型穗状花序，花序基部的花为雌花或两性花，花序顶部的花为雄花；花单性或两性，生于苞片内；花被片联合呈管状，顶端齿裂；发育雄蕊5；子房下位，3室，每室有胚珠多数，中轴胎座。浆果。芭蕉科有3属60余种，旧大陆热带特有分布。例如，象腿蕉*Ensete glaucum*（Roxb.）Cheesman（图1058）、地涌金莲*Musella lasiocarpa*（Franch.）C. Y. Wu（图1059）、芭蕉*Musa basjoo* Sieb. et Zucc.（图1060-1061）、香蕉*Musa nana* Lour.（图1062-1063）、阿希蕉*Musa rubra* Wall. ex Kura（图1064-1065）、阿宽蕉*Musa itinerans* Cheesman（图1066-1067）、伦阿蕉*Musa balbisiana* Colla（图1068-1070）、阿加蕉*Musa acuminata* Colla（图1071-1072）、野芭蕉*Musa wilsonii* Tutch.（图1073-1074）、蕉麻*Musa textilis* Née（图1075-1076）、指天蕉*Musa coccinea* Andr.（图1077-1078）和血红蕉*Musa sanguinea* Hook. f.（图1079-1081）等。

图 1058 象腿蕉 *Ensete glaucum* (Roxb.) Cheesman

图 1059 地涌金莲 *Musella lasiocarpa* (Franch.) C. Y. Wu

图 1060　芭蕉 *Musa basjoo* Sieb. et Zucc.

图 1061　芭蕉 *Musa basjoo* Sieb. et Zucc.

图 1062　香蕉 *Musa nana* Lour.

图 1063　香蕉 *Musa nana* Lour.

图 1064　阿希蕉 *Musa rubra* Wall. ex Kura

图 1065　阿希蕉 *Musa rubra* Wall. ex Kura

图 1066　阿宽蕉 *Musa itinerans* Cheesman

图 1067　阿宽蕉 *Musa itinerans* Cheesman

图 1068　伦阿蕉 *Musa balbisiana* Colla

图 1069　伦阿蕉 *Musa balbisiana* Colla

图 1070　伦阿蕉 *Musa balbisiana* Colla

图 1071　阿加蕉 *Musa acuminata* Colla

图 1072　阿加蕉 *Musa acuminata* Colla

图 1073　野芭蕉 *Musa wilsonii* Tutch.

图 1074　野芭蕉 *Musa wilsonii* Tutch.

图 1075　蕉麻 *Musa textilis* Née

图 1076　蕉麻 *Musa textilis* Née

图 1077　指天蕉 *Musa coccinea* Andr.

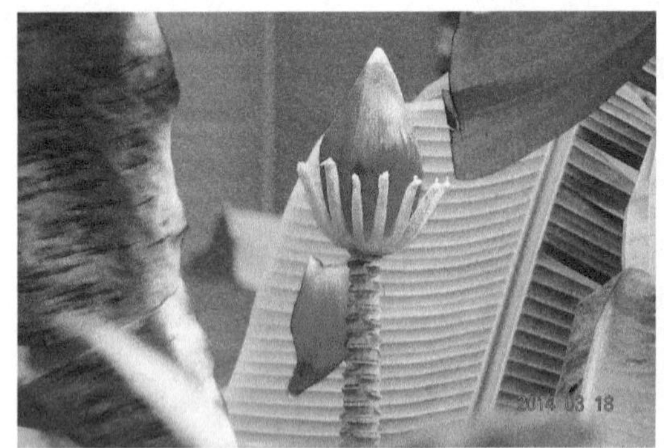

图 1078　指天蕉 *Musa coccinea* Andr.

图 1079　血红蕉 *Musa sanguinea* Hook. f.

图 1080　血红蕉 *Musa sanguinea* Hook. f.

图 1081　血红蕉 *Musa sanguinea* Hook. f.

134. 旅人蕉科 Strelitziaceae

草本或木本。具木质化的地上茎。叶片大，二列排列于茎上。蝎尾状聚伞花序；花两性，两侧对称，生于一大型佛焰苞内；花萼3；花瓣3；发育雄蕊5-6；子房下位，3室，每室有胚珠1至多数。蒴果。旅人蕉科有4属80余种，热带非洲和热带美洲特有分布。例如，旅人蕉*Ravenala madagascariensis* Adans.（图1082-1083）、鹤望兰*Strelitzia reginae* Aiton（图1084）和垂序蝎尾蕉*Heliconia rostrata* Ruiz et Pavon.（图1085）等。

图 1082　旅人蕉 *Ravenala madagascariensis* Adans.

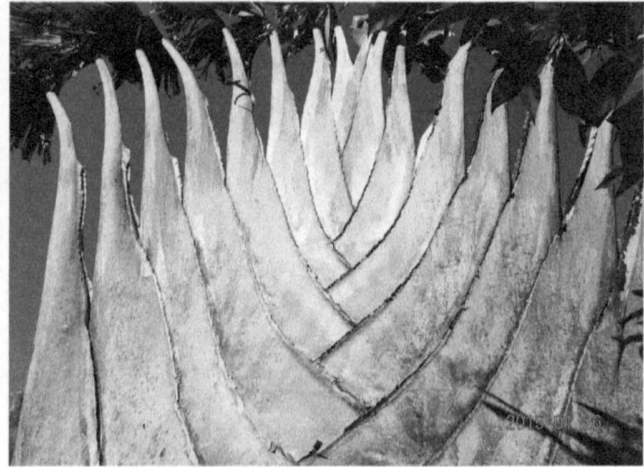

图 1083　旅人蕉 *Ravenala madagascariensis* Adans.

图 1084　鹤望兰 *Strelitzia reginae* Aiton

图 1085　垂序蝎尾蕉 *Heliconia rostrata* Ruiz et Pavon.

135. 姜科 Zingiberaceae

多年生草本。具根状茎。叶片基生或茎生，基部具叶鞘。头状花序、穗状花序、总状花序或圆锥花序，花序生于具叶的茎顶，或生于由根状茎上发出的花葶上；花两性，两侧对称；花萼管状，3齿裂；花瓣3；退化雄蕊常花瓣状；发育雄蕊1；子房下位，1-3室，每室有胚珠多数，中轴胎座或侧膜胎座。蒴果或浆果。姜科有50余属1500余种，泛热带分布。例如，艳山姜*Alpinia zerumbet*（Pers.）Burtt et Smith（图1086）、莪术*Curcuma phaeocaulis* Valeton（图1087）、瓷玫瑰*Etlingera elatior*（Jack）R. M. Smith.（图1088）、草果*Amomum tsao-ko* Grevost et Lemair（图1089-1090）、蘘荷*Zingiber mioga*（Thunb.）Rosc.（图1091）、红球姜*Zingiber zerumbet*（L.）Smith（图1092）、姜*Zingiber officinale* Rosc.（图1093）和红塔闭鞘姜*Costus barbatus* Suess.（图1094-1095）等。

图 1086　艳山姜 *Alpinia zerumbet* (Pers.) Burtt et Smith

图 1087　莪术 *Curcuma phaeocaulis* Valeton

图 1088 瓷玫瑰 *Etlingera elatior* (Jack) R. M. Smith.

图 1089 草果 *Amomum tsao-ko* Grevost et Lemair

图 1090 草果 *Amomum tsao-ko* Grevost et Lemair

图 1091 蘘荷 *Zingiber mioga* (Thunb.) Rosc.

图 1092 红球姜 *Zingiber zerumbet* (L.) Smith

图 1093 姜 *Zingiber officinale* Rosc.

图 1094 红塔闭鞘姜 *Costus barbatus* Suess.

图 1095 红塔闭鞘姜 *Costus barbatus* Suess.

136. 美人蕉科 Cannaceae

多年生草本。具根状茎。叶片大，具粗壮中脉和多数平行横脉；叶柄有鞘。顶生的穗状花序、总状花序或圆锥花序；花两性，不对称；花萼3；花瓣3；退化雄蕊花瓣状；子房下位，3室，每室有胚珠多数。蒴果，果皮有软刺。美人蕉科为单型科，仅有1属，50余种，新大陆热带特有分布。例如，美人蕉*Canna generalis* Bailey（图1096）和芭蕉芋*Canna edulis* Ker-Gawl.（图1097）等。

图 1096 美人蕉 *Canna generalis* Bailey

图 1097 芭蕉芋 *Canna edulis* Ker-Gawl.

137. 竹芋科 Marantaceae

多年生草本。地上茎有或无。叶片大；叶柄基部具鞘，顶部和叶片连接处增厚，称叶枕。头状花序、穗状花序或疏散的圆锥花序，花序常自叶柄中上部抽出；花两性，左右对称；花萼3；花瓣3，最外一轮常最大；发育雄蕊1，花瓣状；子房下位，1-3室，每室有1胚珠。蒴果或浆果。竹芋科有30余属400余种，泛热带分布，但以热带美洲的类群最多。例如，粽叶*Phrynium capitatum* Willd.（图1098）、尖苞柊叶*Phrynium placentarium* (Lour.) Merr.（图1099）和再力花*Thalia dealbata* Fras.（图1100）等。

图 1098　粽叶 *Phrynium capitatum* Willd.

图 1099　尖苞柊叶 *Phrynium placentarium* (Lour.) Merr.

图 1100　再力花 *Thalia dealbata* Fras.

(二) 花瓣亚纲Corolliferae

138. 百合科 Liliaceae

一年生或多年生草本。具根状茎、鳞茎或球茎。叶片形状多样。花两性，辐射对称；花瓣状花被6，2轮；雄蕊通常6；子房上位，3室，每室有胚珠多数，侧膜胎座。蒴果或浆果。百合科近200属近2000种，世界分布。例如，野百合*Lilium brownii* F. E. Brown ex Miellez（图1101）、黄百合*Lilium regale* Wilson（图1102）、萱草*Hemerocallis fulva* (L.) L.（图1103）、郁金香*Tulipa gesneriana* L.（图1104）、凤尾丝兰*Yucca gloriosa* L.（图1105）、象腿丝兰*Yucca elephantipes* Regel.（图1106）、火炬花*Kniphofia caulescens* Bak. et Hook. f.（图1107）、韭菜*Allium tuberosum* Rottler ex Spreng（图1108）、多星韭 *Allium wallichii* Kunth（图1108a-1108b）、葱*Allium fistulosum* L.（图1109）、七叶一枝花*Paris polyphylla* Smith（图1110）和滇重楼*Paris yunnanensis* Franch.（图1111）等。

图 1101　野百合 *Lilium brownii* F. E. Brown ex Miellez

图 1102　黄百合 *Lilium regale* Wilson

图 1103　萱草 *Hemerocallis fulva*（L.）L.

图 1104　郁金香 *Tulipa gesneriana* L.

图 1105　凤尾丝兰 *Yucca gloriosa* L.

图 1106　象腿丝兰 *Yucca elephantipes* Regel.

图 1107　火炬花 *Kniphofia caulescens* Bak. et Hook. f.

图 1108　韭菜 *Allium tuberosum* Rottler ex Spreng

图 1108a　多星韭 *Allium wallichii* Kunth

图 1108b　多星韭 *Allium wallichii* Kunth

图 1109　葱 *Allium fistulosum* L.

图 1110　七叶一枝花 *Paris polyphylla* Smith

图 1111　滇重楼 *Paris yunnanensis* Franch.

139. 雨久花科 Pontederiaceae

水生植物，漂浮或扎根。叶柄具鞘，内为海绵状组织，常膨大呈葫芦状。穗状花序或总状花序，由叶鞘内抽出；花两性，左右对称；花瓣状花被6；雄蕊3-6；子房上位，3室，每室有胚珠多数。蒴果。雨久花科仅有2属6种，泛热带水域分布。例如，梭鱼草*Pontederia cordata* L.(图1112)和水葫芦*Eichhornia crassipes* (Mart.) Solms (图1113)等。

图 1112　梭鱼草 *Pontederia cordata* L.

图 1113　水葫芦 *Eichhornia crassipes* (Mart.) Solms

140. 天南星科 Araceae

陆生、水生或附生草本。具块茎、根状茎或地上茎。叶互生，通常基生，叶片大。肉穗状花序，外有佛焰苞；花辐射对称，两性或单性；如花为单性，则肉穗状花序下部的为雌花，上部的为雄花；花被缺，或为鳞片状；雄蕊1至多数；子房上位，1至多室，每室有胚珠多数。浆果，密集于肉穗状花序上。天南星科有100余属2000余种，世界分布。中国有30余属200余种。例如，芋头*Colocasia esculenta* (L.) Schott(图1114)、紫芋*Colocasia tonoimo* Nakai(图1115)、天南星*Arisaema erubescens* (Wall.) Schott(图1116-1117)、藏南绿南星*Arisaema jacquemontii* Bl.(图1118)、象南星

Arisaema elephas Buchet（图1119）、魔芋*Amorphophallus rivieri* Durium（图1120）、麒麟尾*Epipremnum pinnatum*（L.）Engl.（图1121）、菖蒲*Acorus calamus* L.（图1122）、石菖蒲*Acorus tatarinowii* Schott（图1123）、海芋*Alocasia macrorrhiza*（L.）Schott（图1124）、老虎芋*Alocasia cucullata*（Lour.）Schott（图1125）、红掌*Anthurium andraeanum* Linden ex Andre（图1126）、春羽*Philodendron selloum* K. Koch（图1127）和马蹄莲*Zantedeschia aethiopica*（L.）Spreng.（图1128）等。

图 1114　芋头 *Colocasia esculenta*（L.）Schott

图 1115　紫芋 *Colocasia tonoimo* Nakai

图 1116　天南星 *Arisaema erubescens*（Wall.）Schott

图 1117　天南星 *Arisaema erubescens*（Wall.）Schott

图 1118　藏南绿南星 *Arisaema jacquemontii* Bl.

图 1119　象南星 *Arisaema elephas* Buchet

图 1120　魔芋 *Amorphophallus rivieri* Durium

图 1121　麒麟尾 *Epipremnum pinnatum*（L.）Engl.

图 1122　菖蒲 *Acorus calamus* L.

图 1123　石菖蒲 *Acorus tatarinowii* Schott

图 1124　海芋 *Alocasia macrorrhiza*（L.）Schott

图 1125　老虎芋 *Alocasia cucullata*（Lour.）Schott

图 1126　红掌 *Anthurium andraeanum* Linden ex Andre

图 1127　春羽 *Philodendron selloum* K. Koch

图 1128　马蹄莲 *Zantedeschia aethiopica*（L.）Spreng.

141. 香蒲科 Typhaceae

挺水植物。具根状茎。叶条形。花序为圆柱状的穗状花序；花小，单性，无花被，密集于穗状花序上；花序上部为雄花，雄蕊3；花序下部为雌花，子房1室。坚果。香蒲科为单型科，1属18种，世界分布。中国有数种。例如，长苞香蒲*Typha angustata* Bory et Chaub.(图1129)和东方香蒲*Typha orientalis* C. Presl(图1130)等。

图 1129　长苞香蒲 *Typha angustata* Bory et Chaub.

图 1130　东方香蒲 *Typha orientalis* C. Presl

142. *石蒜科* Amaryllidaceae

草本植物。具有鳞茎或地下茎，鳞茎外被膜质鞘。叶片线形，基生。花单生或聚生于花茎顶，排成伞形花序，花序之下有总苞片；花两性，辐射对称；花瓣状花被6，2轮；雄蕊6；子房下位，3室，每室有胚珠多数，中轴胎座。蒴果。石蒜科有80余属1000余种，世界分布。中国有10余属100余种。例如，忽地笑*Lycoris aurea*（L. Herit.）Herb.（图1131）、君子兰*Clivia miniata* Regel（图1132）、文殊兰*Crinum amabile* Dam.（图1133）、蜘蛛兰*Hymenocallis littoralis*（Jacq.）Salisb.（图1134）、百子莲*Agapanthus africanus*（L.）Hoffmanns.（图1135）、玉帘*Zephyranthes candida* Herb.（图1136）、风雨花*Zephyranthes grandiflora* Lindl.（图1137）和秋水仙*Colchicum autumnale* L.（图1138）等。

图 1131　忽地笑 *Lycoris aurea*（L. Herit.）Herb.

图 1132　君子兰 *Clivia miniata* Regel

图 1133　文殊兰 *Crinum amabile* Dam.

图 1134　蜘蛛兰 *Hymenocallis littoralis*（Jacq.）Salisb.

图 1135　百子莲 *Agapanthus africanus*（L.）Hoffmanns.

图 1136　玉帘 *Zephyranthes candida* Herb.

图 1137　风雨花 *Zephyranthes grandiflora* Lindl.

图 1138　秋水仙 *Colchicum autumnale* L.

143. 鸢尾科 Iridaceae

多年生草本。叶剑形，常基生。聚伞花序；花两性，辐射对称或左右对称；花被片6，2列；雄蕊3；子房下位，3室，胚珠多数，中轴胎座；花柱1，柱头3裂。蒴果。鸢尾科约60属800余种，世界分布。例如，西南鸢尾*Iris bulleyana* Dykes（图1139）、长葶鸢尾*Iris delavayi* Mich.（图1140）、鸢尾*Iris tectorum* Maxim.（图1141）、扁竹兰*Iris confusa* Sealy（图1142）、黄花鸢尾*Iris pseudacorus* L.（图1143）和雄黄花*Crocosmia crocosmiflora*（Nichols）E. N. Br.（图1144）等。

图 1139　西南鸢尾 *Iris bulleyana* Dykes

图 1140　长葶鸢尾 *Iris delavayi* Mich.

图 1141　鸢尾 *Iris tectorum* Maxim.

图 1142　扁竹兰 *Iris confusa* Sealy

图 1143　黄花鸢尾 *Iris pseudacorus* L.

图 1144　雄黄花 *Crocosmia crocosmiflora* (Nichols) E. N. Br.

144. 薯蓣科 Dioscoreaceae

多年生缠绕草质藤本。有块根或地下根状茎，地下芽。叶互生或对生，单叶或掌状复叶。穗状、总状或圆锥状花序；花单性，雌雄异株或同株；花被片6，2列，基部合生；雄蕊6，或仅有3枚发育；雌花中的雄蕊退化或缺，子房下位，3室；花柱3，分离。蒴果。种子有翅。薯蓣科有10属600余种，世界分布。中国有1属80余种。例如，参薯 *Dioscorea alata* L.（图1145）和粘山药 *Dioscorea hemsleyi* Prain et Burk.（图1146）等。

图 1145　参薯 *Dioscorea alata* L.

图 1146　粘山药 *Dioscorea hemsleyi* Prain et Burk.

145. 龙舌兰科 Agavaceae

大型草本或小乔木。叶剑形，厚或肉质，基生或聚生于茎顶。总状花序或圆锥花序；花两性或单性，辐射对称或左右对称；花被裂片近等长或不等长；雄蕊6，着生于花被管上；子房上位或下位，3室，每室有胚珠1至多数。浆果或蒴果。龙舌兰科有20余属600余种，泛热带分布。例如，龙舌兰*Agave americana* L.(图1147-1148)、小花龙血树*Dracaena cambodiana* Pierre ex Gagnep.(图1149)和剑叶龙血树*Dracaena cochinchinensis* (Lour.) S. C. Chen(图1150)等。

图 1147 龙舌兰 *Agave americana* L.

图 1148 龙舌兰 *Agave americana* L.

图 1149 小花龙血树 *Dracaena cambodiana* Pierre ex Gagnep.

图 1150 剑叶龙血树 *Dracaena cochinchinensis* (Lour.) S. C. Chen

146. 棕榈科 Palmae (Arecaceae)

乔木、灌木或木质藤本。须根系。茎不分枝。单叶掌状分裂，或一至二回羽状复叶；叶柄基部具鞘。花序具佛焰苞；花小，两性或单性；花被片6，2列；雄蕊3-6；子房上位，1-3室。浆果或核果。棕榈科有200余属2000余种，泛热带分布。中国有

20余属70余种。例如，棕榈*Trachycarpus fortunei*（Hook. f.）H. Wendl.（图1151）、加纳利海枣*Phoenix canariensis* Chabaud（图1152-1153）、海枣*Phoenix dactylifera* L.（图1154）、椰子*Cocos nucifera* L.（图1155）、油棕*Elaeis guineensis* Jacq.（图1156）、董棕*Caryota urens* L.（图1157）、鱼尾葵*Caryota ochlandra* Hance（图1158）、大叶蒲葵*Livistona cochinchinensis* Mart.（图1159）、槟榔*Areca catechu* L.（图1160）、假槟榔*Archontophoenix alexandrae*（F. Muell.）H. Wendl. et Drude（图1161）、贝叶棕*Corypha umbraculifera* L.（图1162）、糖棕*Borassus flabellifer* L.（图1163）、大丝葵*Washingtonia robusta* H. Wendl.（图1164）和大王椰子*Roystonea regia*（Kunth）O. F. Cook.（图1165）等。

图 1151　棕榈 *Trachycarpus fortunei* （Hook. f.）H. Wendl.

图 1152　加纳利海枣 *Phoenix canariensis* Chabaud

图 1153　加纳利海枣 *Phoenix canariensis* Chabaud

图 1154　海枣 *Phoenix dactylifera* L.

图 1155　椰子 *Cocos nucifera* L.

图 1156　油棕 *Elaeis guineensis* Jacq.

图 1157　董棕 *Caryota urens* L.

图 1158　鱼尾葵 *Caryota ochlandra* Hance

图 1159　大叶蒲葵 *Livistona cochinchinensis* Mart.

图 1160　槟榔 *Areca catechu* L.

图 1161　假槟榔 *Archontophoenix alexandrae* （F. Muell.）H. Wendl. et Drude

图 1162　贝叶棕 *Corypha umbraculifera* L.

图 1163　糖棕 *Borassus flabellifer* L.

图 1164　大丝葵 *Washingtonia robusta* H. Wendl.

图 1165　大王椰子 *Roystonea regia* (Kunth) O. F. Cook.

147. 露兜树科 Pandanaceae

灌木或小乔木。须根系，茎干基部由不定根构成支柱根。叶剑形或长条形，叶缘有利刺。腋生或顶生的头状花序、穗状花序、总状花序或圆锥花序，花序外被叶状的佛焰苞；花单性异株；花被缺；雄花的雄蕊多数；雌花常有退化雄蕊；子房上位，1室，每室有胚珠1至多数。聚合果。露兜树科有3属700余种，旧大陆热带分布。中国有2属8种。例如，露兜树 *Pandanus tectorius* Soland.(图1166)、旋叶露兜*Pandanus utilis* Bory(图1167)和分叉露兜*Pandanus furcatus* Roxb.(图1168)等。

图 1166　露兜树 *Pandanus tectorius* Soland.

图 1167　旋叶露兜 *Pandanus utilis* Bory

图 1168　分叉露兜 *Pandanus furcatus* Roxb.

148. 蒟蒻薯科 Taccaceae

多年生草本。有块茎或根状茎。叶基生；具柄。伞形花序，花序下具叶状总苞片，花序中具线形小苞片；花两性，辐射对称；花被与子房合生，裂片6，2列；雄蕊6，花丝短；子房下位，1室或不完全3室，侧膜胎座，胚珠多数；花柱短，柱头3裂。浆果，或3瓣裂的蒴果。蒟蒻薯科有2属30余种，泛热带分布。中国有1属3种。例如，蒟蒻薯*Tacca chantrieri* Andre(图1169)等。

图 1169　蒟蒻薯 *Tacca chantrieri* Andre

149. 兰科 Orchidaceae

陆生、附生或腐生草本。根常肥厚，有块茎、根状茎或假鳞茎。叶基生，或生于假鳞茎顶端，扁平或圆柱形，常质厚而耐旱；附生类群的叶片基部有关节。花常扭转调整其唇瓣位置；花两性，两侧对称；花被片6，花瓣状，形态多变，2列；雄蕊与花柱和柱头完全愈合，称合蕊柱(gynostemium)；合蕊柱顶端具药床、蕊喙和柱头穴等；具花粉块(pollinium)；子房下位，1室，侧膜胎座，或3室，中轴胎座，胚珠极多数。蒴果。兰科是世界上种子植物的四大科之一，约700属20 000种，世界分布。中国有170余属1200余种。例如，莎草兰*Cymbidium elegans* Lindl.(图1170)、虎头兰*Cymbidium hookerianum* Rchb. f.(图1171)、竹叶兰*Arundina graminifolia* (D. Don) Hochr.(图1172)、束花石斛*Dendrobium chrysanthum* Wall. ex Lindl.(图1173)、云南独蒜兰*Pleione yunnanensis* (Rolfe) Rolfe(图1174)、卡特兰*Cattleya labiata* Lindl.(图1175)、蝴蝶兰*Phalaenopsis aphrodite* Rchb. f.(图1176)、长距玉凤兰*Habenaria davidii* Franch.(图1177)、西南虾脊兰*Calanthe herbacea* Lindl.(图1178-1179)、杏黄兜兰*Paphiopedilum armeniacum* S. C. Chen et F. Y. Liu(图1180)、麻栗坡兜兰*Paphiopedilum malipoense* S. C. Chen et Tsi(图1181)、显脉鸢尾兰*Oberonia acaulis* Griff.(图1182)和天麻*Gastrodia elata* Bl.(图1183)等。

图 1170　莎草兰 *Cymbidium elegans* Lindl.

图 1171　虎头兰 *Cymbidium hookerianum* Rchb. f.

图 1172　竹叶兰 *Arundina graminifolia*（D. Don）Hochr.

图 1173　束花石斛 *Dendrobium chrysanthum* Wall. ex Lindl.

图 1174　云南独蒜兰 *Pleione yunnanensis*（Rolfe）Rolfe

图 1175　卡特兰 *Cattleya labiata* Lindl.

图 1176　蝴蝶兰 *Phalaenopsis aphrodite* Rchb. f.

图 1177　长距玉凤兰 *Habenaria davidii* Franch.

图 1178　西南虾脊兰 *Calanthe herbacea* Lindl.

图 1179　西南虾脊兰 *Calanthe herbacea* Lindl.

图 1180　杏黄兜兰 *Paphiopedilum armeniacum* S. C. Chen et F. Y. Liu

图 1181　麻栗坡兜兰 *Paphiopedilum malipoense* S. C. Chen et Tsi

图 1182　显脉鸢尾兰 *Oberonia acaulis* Griff.

图 1183　天麻 *Gastrodia elata* Bl.

(三) 颖花亚纲Glumiferae

150. 灯芯草科 Juncaceae

湿生草本。秆圆柱形或扁平。叶常退化成膜质的鞘。腋生或顶生的聚伞花序或圆锥花序；花两性；花被片6，2轮，颖片状；雄蕊6；子房上位，1-3室，胚珠3至多数。蒴果。灯芯草科有9属400余种，世界分布，但以温带和寒带为主。中国有2属80余种。例如，灯芯草*Juncus effusus* L.(图1184)等。

图 1184　灯芯草 *Juncus effusus* L.

151. 莎草科 Cyperaceae

湿生、旱生草本。秆常三棱，实心，无节。叶条形，或退化；叶鞘封闭。穗状、头状、总状、圆锥状或聚伞花序等各式花序；花小，两性或单性，生于小穗上；花被缺，或变为下位的毛或鳞片；雄蕊1-3；子房上位，1室，有1胚珠。瘦果或小坚果。莎草科有80余属4000余种，世界分布。中国有30余属600余种。例如，红果莎*Carex baccans* Nees(图1185)、风车草*Cyperus alternifolius* L.(图1186)和纸莎草*Cyperus papyrus* L.(图1187)和水葱*Scirpus tabernaemontani* Gmel(图1188)等。

图 1185　红果莎 *Carex baccans* Nees

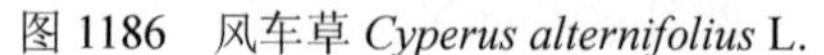

图 1186 风车草 *Cyperus alternifolius* L.

图 1187 纸莎草 *Cyperus papyrus* L.

图 1188 水葱 *Scirpus tabernaemontani* Gmel

152. 禾本科 Gramineae (Poaceae)

草本或木本。多年生草本类和木本类具地下根状茎(鞭)；地上茎通称秆，秆中空，有节。叶由叶鞘和叶片组成，竹类尚有叶柄；叶鞘开放；叶片具平行脉，常无脉间横脉；叶鞘与叶片连接处的内侧有叶舌；叶鞘两侧有叶耳。花序由小穗排成穗状、总状、圆锥状等各式花序；小穗有花1至数朵，基部有苞片，称颖；花两性或单性同株，外被外稃和内稃，稃片之内有退化的花被，称浆片；雄蕊通常3；子房上位，1室，有1胚珠。果实多数为颖果，即果皮与种皮贴生，少数为囊果、浆果或坚果。禾本科是世界上种子植物的四大科之一，有600余属10 000余种，世界分布。中国有200余属1200余种。例如，水稻*Oryza sativa* L.(图1189-1190)、玉米*Zea mays* L.(图1191-1192)、黍(稷) *Panicum miliaceum* L.(图1193-1194)、小米(粟)*Setaria italica* (L.) Beauv.(图1195-1196)、小麦*Triticum aestivum* L.(图1197)、大麦*Hordeum vulgare* L. 1(图1198)、青稞*Hordeum vulgare* L. var. *nudum* Hook. f.(图1199-1200)、薏仁*Coix lacryma-jobi* L.(图1201)、高粱*Sorghum vulgare* Pers.(图1202)、穇子*Eleusine coracana* (L.) Gaertn.(图1203-1204)、甘蔗*Saccharum officinarum* L.(图1205)、斑茅*Saccharum arundinaceum* Retz.(图1206)、甜根子草*Saccharum spontaneum* L.(图1207)、芦苇

Phragmites communis Trin.（图1208）、芦竹*Arundo donax* L.（图1209）、狼尾草*Pennisetum alopecuroides*（L.）Spreng.（图1210）、象草*Pennisetum purpureum* Schumach.（图1211）、蔗茅*Erianthus rufipilus*（Stend.Griseb）（图1212）、芒*Miscanthus sinensis* Anderas（图1213）、香茅草*Cymbopogon citratus*（DC.）Stapf（图1214）、蒲苇*Cortaderia selloana*（Schult. et Schult. f.）Asch. et Graebn.（图1215）、类芦*Neyraudia reyraudiana*（Kunth）Keng ex Hitchc.（图1216）、粽叶芦*Thysanolaena maxima*（Roxb.）O. Kuntze（图1217）、箭叶大油芒*Spodiopogon sagittifolius* Rendle（图1218-1219）、大米草*Spartina anglica* C. E. Hubb.（图1220-1221）、毛竹*Phyllostachys pubescens* Mazel（图1222-1223）、巨龙竹*Dendrocalamus giganteus* Wall. ex Munro（图1224）、甜龙竹*Dendrocalamus brandisii*（Munro）Kurz（图1225）、牡竹*Dendrocalamus strictus*（Roxb.）Nees（图1226）、麻竹*Dendrocalamus latiflorus* Munro（图1227）、黄竹*Dendrocalamus membranaceus* Munro（图1228）、香糯竹*Cephalostachyum pergracile* Munro（图1229）、泰竹*Thyrsostachys siamensis* Gamble（图1230）、慈竹*Sinocalamus affinis*（Rendle）McClure（图1231）、绵竹*Bambusa intermedia* Hsueh et Yi（图1232）、刺竹*Bambusa blumeana* Schult（图1233）、单竹*Bambusa cerosissima* McClure（图1234）、黄金间碧玉*Bambusa vulgaris* Schrader ex H. Wendl. var. *vittata* A. et C. Riv.（图1235）和佛肚竹*Bambusa vulgaris* Schrader ex H. Wendl. cv. ‘Wamin’ McClure（图1236）等。

图 1189　水稻 *Oryza sativa* L.

图 1190　水稻 *Oryza sativa* L.

图 1191　玉米 *Zea mays* L.

图 1192　玉米 *Zea mays* L.

图 1193　黍（稷）*Panicum miliaceum* L.

图 1194　黍（稷）*Panicum miliaceum* L.

图 1195　小米（粟）*Setaria italica* (L.) Beauv.

图 1196　小米（粟）*Setaria italica* (L.) Beauv.

图 1197　小麦 *Triticum aestivum* L.

图 1198　大麦 *Hordeum vulgare* L.

图 1199　青稞 *Hordeum vulgare* L. var. *nudum* Hook. f.

图 1200　青稞 *Hordeum vulgare* L. var. *nudum* Hook. f.

图 1201　薏仁 *Coix lacryma-jobi* L.

图 1202　高粱 *Sorghum vulgare* Pers.

图 1203　䅟子 *Eleusine coracana*（L.）Gaertn.

图 1204　䅟子 *Eleusine coracana*（L.）Gaertn.

图 1205　甘蔗 *Saccharum officinarum* L.

图 1206　斑茅 *Saccharum arundinaceum* Retz.

图 1207　甜根子草 *Saccharum spontaneum* L.

图 1208　芦苇 *Phragmites communis* Trin.

图 1209　芦竹 *Arundo donax* L.

图 1210　狼尾草 *Pennisetum alopecuroides*（L.）Spreng.

图 1211　象草 *Pennisetum purpureum* Schumach.

图 1212　蔗茅 *Erianthus rufipilus*（Stend.Griseb）

图 1213　芒 *Miscanthus sinensis* Anderas

图 1214　香茅草 *Cymbopogon citratus*（DC.）Stapf

图 1215　蒲苇 *Cortaderia selloana*（Schult. et Schult. f.）Asch. et Graebn.

图 1216　类芦 *Neyraudia reyraudiana*（Kunth）Keng ex Hitchc.

图 1217　粽叶芦 *Thysanolaena maxima*（Roxb.）O. Kuntze

图 1218　箭叶大油芒 *Spodiopogon sagittifolius* Rendle

图 1219　箭叶大油芒 *Spodiopogon sagittifolius* Rendle

图 1220　大米草 *Spartina anglica* C. E. Hubb.

图 1221　大米草 *Spartina anglica* C. E. Hubb.

图 1222　毛竹 *Phyllostachys pubescens* Mazel

图 1223　毛竹 *Phyllostachys pubescens* Mazel

图 1224　巨龙竹 *Dendrocalamus giganteus* Wall. ex Munro

图 1225　甜龙竹 *Dendrocalamus brandisii*（Munro）Kurz

图 1226　牡竹 *Dendrocalamus strictus*（Roxb.）Nees

图 1227　麻竹 *Dendrocalamus latiflorus* Munro

图 1228　黄竹 *Dendrocalamus membranaceus* Munro

图 1229　香糯竹 *Cephalostachyum pergracile* Munro

图 1230　泰竹 *Thyrsostachys siamensis* Gamble

图 1231　慈竹 *Sinocalamus affinis*（Rendle）McClure

图 1232　绵竹 *Bambusa intermedia* Hsueh et Yi

图 1233　刺竹 *Bambusa blumeana* Schult

图 1234　单竹 *Bambusa cerosissima* McClure

图 1235 黄金间碧玉 *Bambusa vulgaris* Schrader ex H. Wendl. var. *vittata* A. et C. Riv.

图 1236 佛肚竹 *Bambusa vulgaris* Schrader ex H. Wendl. cv. 'Wamin' McClure

参 考 文 献

陈世骧. 1978. 进化论与分类学. 北京: 科学出版社
辞海编辑委员会. 1975. 辞海. 生物分册. 上海: 上海辞书出版社
海吾德 V. H.著; 柯植芬译, 洪德元校. 1979. 植物分类学. 北京: 科学出版社
侯宽昭. 1998. 中国种子植物科属词典. 北京: 科学出版社
胡启明. 1990. 中国报春花属新分类群, 中国科学院华南植物研究所集刊, 6: 1-19
胡人亮. 1987. 苔藓植物学. 北京: 高等教育出版社
胡先骕. 1951. 种子植物分类学讲义. 上海: 中华书局出版
经利彬, 吴征镒, 匡可任, 蔡德惠. 1945. 滇南本草图谱(第一卷). 昆明: 中国医药研究所(石印本)
匡可任译. 1965. 国际植物命名法规(蒙特利尔法规). 北京: 科学出版社
李星学, 周志炎, 郭双兴. 1981. 植物界的发展和演化. 北京: 科学出版社
梁松筠. 1985. 西藏百合属一新种. 植物分类学报, 23(5): 392-393
廖日京. 1998. 植物拉丁语. 台北: 台湾大学农学院森林学系
刘玉壶, 吴容芬. 1996. 中国木兰科资料. 植物分类学报, 34(1): 87-91
陆树刚. 2007. 蕨类植物学. 北京: 高等教育出版社
马金双. 2011. 东亚高等植物分类学文献概览. 北京: 高等教育出版社
马金双. 2014. 中国植物分类学的现状与挑战. 科学通报, 59: 510-521
沈显生. 2005. 植物学拉丁文. 合肥: 中国科学技术大学出版社
石磊. 2009-8-24. 当林奈遭遇基因技术. 文汇报(12版)
汪劲武. 1985. 种子植物分类学. 第1版. 北京: 高等教育出版社
汪劲武. 2009. 种子植物分类学. 第2版. 北京: 高等教育出版社
王荷生. 2004. 中国裸子植物区系//吴征镒.中国植物志. 第一卷. 北京: 科学出版社: 95
王文采. 2013. 华西南毛茛科六新种和二新变种. 广西植物, 33(5): 579-587
吴征镒. 1984. 云南种子植物名录(上册、下册). 昆明: 云南人民出版社
徐永椿, 任宪威. 1979. 壳斗科新种与新组合. 云南植物研究, 1(1): 146-148
叶创兴, 廖文波, 戴水连, 等. 2000. 植物学. 广州: 中山大学出版社
叶创兴, 石祥刚. 2012. 植物拉丁文教程. 北京: 高等教育出版社
张宏达. 1986. 种子植物分类系统提纲. 中山大学学报(自然科学版), (1): 1-3
张丽兵译. 2007. 国际植物命名法规(维也纳法规). 北京: 科学出版社
张永辂. 1984. 古生物命名拉丁语. 北京: 科学出版社
赵士洞译. 1984. 国际植物命名法规(列宁格勒法规). 北京: 科学出版社
郑万钧, 傅立国. 1978. 中国植物志. 第七卷. 北京: 科学出版社
中国科学院植物研究所. 1972. 中国高等植物图鉴. 第一册-第五册.北京: 科学出版社
中国植物学会编. 1994. 中国植物学史. 北京: 科学出版社
朱光华译. 2001: 国际植物命名法规(圣路易斯法规). 北京: 科学出版社
APG. 1998. An ordinal classification for the families of flowering plants. Annals of the Missouri Botanical

Garden, 85: 531-553
APG II. 2003. An update of the angiosperm phylogeny group classification for the orders and families of flowering plants: APG II. Botanical Journal of the Linnean Society, 141: 399-436
APG III. 2009. An update of the angiosperm phylogeny group classification for the orders and families of flowering plants: APG III. Botanical Journal of the Linnean Society, 161: 105-121
Edward G V, et al. 1983. International code of botanical nomenclature adopted by the thirteenth international botanical congress, Sydney, August. 1981. Hague/Boston: Dr. W Junk Publishers
Greuter W., Mcneill J. 2000. International code of botanical nomenclature（St. Louis Code）. Konigstein: Koeltz Scientific Books
Soltis D. E., Smith S. A., Cellinese N., et al. 2011. Angiosperm phylogeny: 17 genes, 640 taxa. American Journal of Botany, 98, 704-730
Stearn W. T. 1966. Botanical latin. London and Edinburgh: Thomas Nelson
Stearn W. T. 著, 秦仁昌译, 俞德浚、胡昌序校. 1978. 植物学拉丁文(上册). 北京: 科学出版社
Stearn W. T. 著, 秦仁昌译, 俞德浚、胡昌序校. 1980: 植物学拉丁文(下册). 北京: 科学出版社
Stuessy T. F. 1990. Plant taxonomy. New York: Columbia University Press

索　　引

B

C

F

G

H

I

J

K

L

M

Q

R

S

T

U